国外景观设计丛书

景观的视觉设计要素

Elements of Visual Design in the Landscape

（原著第二版）

[英] 西蒙·贝尔 著

陈 莉 申祖烈 王文彤 译

中国建筑工业出版社

著作权合同登记图字：01-2011-5816 号

图书在版编目 (CIP) 数据

景观的视觉设计要素 (原著第二版) / (英) 贝尔 (Bell, S.) 著; 陈莉, 申祖烈, 王文彤译 .
北京: 中国建筑工业出版社, 2013.9
(国外景观设计丛书)
ISBN 978-7-112-15601-6

Ⅰ. ①景… Ⅱ. ①贝…②陈…③申…④王… Ⅲ. ①景观-园林设计 Ⅳ. ① TU986.2

中国版本图书馆 CIP 数据核字 (2013) 第 171070 号

责任编辑：董苏华
责任设计：董建平
责任校对：肖 剑 党 蕾

国外景观设计丛书
景观的视觉设计要素（原著第二版）
[英] 西蒙·贝尔 著
陈 莉 申祖烈 王文彤 译
*
中国建筑工业出版社出版、发行（北京西郊百万庄）
各地新华书店、建筑书店经销
北京嘉泰利德公司制版
北京建筑工业印刷厂印刷
*
开本：787×1092 毫米 1/16 印张：12¾ 插页：4 字数：300 千字
2013 年 8 月第一版 2013 年 8 月第一次印刷
定价：48.00 元
ISBN 978-7-112-15601-6
　　　　(24134)
版权所有 翻印必究
如有印装质量问题，可寄本社退换
(邮政编码 100037)

目　录

致　谢

作为本书基础的原始结构是由我以前的同事敦坎·坎普贝尔（Duncan Campbell）和奥利弗·卢卡斯（Oliver Lucas）综合加工的。如果没有他们的工作，本书是无法完成的。为此我要对他们表示最深切的感谢。还有很多人，特别是林业委员会的工作人员，他们学习过本书提出的设计原则，多年来扮演着豚鼠般的无名角色，值得感谢。他们人数众多，无法一一提及，但是他们看景观的方法已经改变了。

加拿大文明博物馆（Canadian Museum of Civilization）的工作人员和建筑师道格拉斯·卡迪纳尔（Douglas Cardinal）在第一个案例研究中协助我做计划并提供有用的资料，而鲍威尔斯考特（Powerscourt）的萨拉·斯拉珍格（Sarah Slazenger）则在第二个案例中帮助我处理细节，我非常感谢他们。

我也要感谢Spon出版社的工作人员，他们为本书第二版的出版殚精竭虑，特别是编辑卡罗琳·马林德和她的助手海伦·伊博森。

最后，要感谢我的家人，他们极为耐心，特别是我的妻子雅基（Jacquie）十分辛苦地在文字处理机上工作，并不时要费劲地辨认我的潦草字迹。谢谢大家。

原著第一版前言

乡村的专业人员——护林员、土地经纪人、工程师——都是非常熟悉自己工作的实践者，但是当他们处理视觉问题时就不那么得心应手了。我相信，日益重要的是要能以合理的结构化的方式去讨论和运用视觉设计原理。这些原理并不是全新的，是建筑师、景观建筑师和城市规划设计者所熟悉的。但是需要将这些通常应用于人工城市环境的原理扩展应用到更广泛的景观，其中三维视野更重要，涉及的规模更大，自然的格局和进程始终在支配着人造景观。

这本书最初源自于我和同事所做的工作。当时我们是英国林业服务机构，即林业委员会的首批景观建筑师。1975 年，在敦坎·坎普贝尔（Duncan Campbell）的领导下，我们发展了英国人造森林——主要是在开阔的半自然高地上——的景观设计手段。我们早就认识到，为了让森林的经营者从视觉上以及在功能上充分理解他们所经营的景观，要求他们能欣赏已有景观的构成以及景观如何汇集在一起形成格局。随后他们就会理解在种植或管理一片森林时怎样有创造性地分析这些格局。

我对专业人员包括森林和乡村的经营者、城市森林和公园等景观设计者进行培训和咨询已经很多年了。这些方法十分成功，以致其他机构组织——乡村委员会、苏格兰自然遗迹管理局、丹麦森林和自然管理局、北爱尔兰森林服务局、爱尔兰森林理事会以及美国森林服务局（西北太平洋地区）——都在利用我和我的同事们代表英国林业委员会为他们开设的课程或讲座中的结构方面的内容。我们授过课的其他组织也表现出对技术问题的兴趣。此外，定期为英国和国外一些大学的景观和林业专业学生讲课，也说明对这种方法有很普遍的需求。

虽然这种方法最初是为林业开发的，但是一开始就很明显，整个方法可以同样用于任何景观和任何规模。为了提高吸引力，本书应用了范围广泛的图例，包括景观、建筑、城市设计等各个领域。我希望它能为设计师，也能为非设计师、学生和实践中的专业人员提供共同的美学语言以便对我们环境的未来视觉管理开展更好更有见识的讨论。

——西蒙·贝尔
MIC For, ALI
邓巴

────原著第二版前言────

  自从《景观的视觉设计要素》十年前第一次出版以来，我继续致力于和扩展运用书中描述的原理，我还把这些原理介绍给越来越多的人，因而这本书就成了系列教育机构许多课程中的标准读物。

  在这十多年间，我的经历也增多了。从 1999 年以来，我一直作为爱丁堡艺术学院／赫里奥特·瓦特大学的高级研究员而更多地从事研究。我的研究工作使我对一些相关学科的理解更广、更深了。这些学科在景观美学上也起了作用，并且有助于给本书中提到的原理以莫大的支持。因此，在第二版中，我有幸重审了这一题材，并在大大扩充的导言中，提出了一个有关不同工作领域（如认知心理学和美学领域里的哲学）的框架，在主要正文中，介绍了这一题材的相关参考资料。

  在第一版问世后的十年中，我也有机会到更多的地方去收集许多其他景观和文化的样例，这反映在更新的照片上，在这些照片里，几乎每个洲现在都有体现，也包含了许多文化。

  同时令人高兴的是看到，好多原有的资料经得起时间的检验。尽管过去十年里，建筑、景观建筑和其他设计风格在发展，但这些原理的运用却并未改变。这就表明了它们作为一种基本设计语言的主要功能。

  在我继续从事更大规模的森林景观设计的同时，我也有幸在其他设计领域里检验和运用这些设计原理。其中最新式的是风力涡轮机的发展，这反映了时下对景观规划和设计的关注，同时也表明需要开展新的运用。十年前，风力涡轮机并不起眼，但现今它们在许多场合下有着重大的影响力。

  我希望新一代《景观的视觉设计要素》的读者，将和前辈一样，从中受益，我也希望本书更新了的风格和更新颖的外貌能吸引读者。

——西蒙·贝尔
FIC For，MLI
邓巴

序

　　西蒙·贝尔在景观建筑的理论和实践方面有很深的造诣。作为林业委员会的景观建筑师,他有机会从乡村的整体规模上观察景观结构,并探索把景观原理应用于解决生产问题的可行性。无论是林业还是农业,景观建筑面临的越来越多的任务是要使生产与创造、保护景观相协调,并且要像对人们自身的乐趣一样去同情当地野生动物的需求。

　　幸运的是,这些年来景观专业在前所未有的程度上协调着人们的活动和景观以及乡村的利益。森林委员会的态度是最明显且最有成效的。本书提供了支持这个目标的有价值的建议。

——戴姆·塞尔维娅·克罗

(Dama Sylvia Crowe)

DBE,PPILA

导　言

美学结构的框架

景观模式

视觉词汇的重要性

设计过程

如何使用本书

参考文献

导　言

　　本书是有关对我们周围世界的视觉结构的理解，并利用这种理解作为设计有吸引力的景观的根据。因此，它的主题关注视觉美学。"美学"这个词源自希腊语"aesthenesthai"，即感悟"业已认知了的事物"，在此情况下，意指利用我们的双眼。当然，我们常利用一系列官能去获取有关世界的信息——视觉、听觉、嗅觉、味觉和综合官能，包括触觉、平衡、温度和湿度的探知，这些合起来，被称之为"触觉"或"运动感觉"官能，其中视觉约占人类感知的87%，因此在比例上说更为重要。

　　对美学来说，最根本的是描述我们同我们环境关系的某一个方面。这一点从我们一出生，睁开双眼就开始了，并随着我们经历增多而发展开来。那么，我们同我们环境的美学关系的性质、特点和重要意义是什么？我们又怎样区分美学同其他事物——物质的、社会的或经济的呢？

　　在许多方面，我们可以说，美的体验好像过滤器，通过它，我们继续建立其他各种关系。美学这一主题，长期以来一直遍布各个学科，其中一个分支主要存在于哲学，并且也扎根于艺术和自然。对美的概念的理解一直是审美哲学的重点关注。另一个研究分支涉及感知机能，即通过眼睛和大脑认知景观，这就是环境心理学的范畴。设计师们更多关心的是为人们居住、工作和玩乐创建有吸引力的环境，他们的工作讲求现实、实用，而并不总是像哲学或心理学的学术研究人员那样深深潜心于理论和经验工作，尽管这方面现今在改变。

　　就如大多数设计师所熟知的那样，美学问题应有的重要性常常被贬低，这可能由于以下原因：

- 社会对风格和外观的关注，而不是美学的更深层面；
- 片面的和明显矛盾的审美主题；
- 将审美主题同艺术，而不是同自然和我们生活的环境相联系的倾向；
- 景观美学中盛行的传统风景模式，它把体验看作同日常生活相隔离。

有一件一直短缺的东西，那就是对不同的美学学派之间的关系的理解框架，因为它们属于景观范畴。产生这一需要，乃是因为，在我们能更深入探索视觉设计前，我们必须能展示出存在的一种合理根据。我们也要能利用环境心理学家提供的手段，例如，就美学关系而言，为了创造更多的认知机能。迄今为止，还没有在认知、美学和设计之间的任何牢固的联系，因为它们属于不同学科。

设计一个按逻辑结构展示不同美学学派的框架是可能的，这样，这些学派实际上就能彼此相连和互相支持。这样的框架也给设计师们提供了他们工作常常需要的理解力，以帮助他们维护自己的决策和宣扬优秀设计的重要意义。这个框架是围绕两种互补因素构建的，首先，是美学反应的方式，其次是美学反应的性质，这两者各自代表一个方面，它使常常明显对立的美学理论得以共存。从这个基本框架，就可能创建使不同因素关联一起的链接。例如对环境的认知作用、感知机能和全力寻找普遍的对景观的喜爱，还是对认知因素的喜爱的各种方法。这就为理性地探讨视觉设计原理创造了条件，也就是本书的主旨。

美学结构的框架

对待景观美学，存在许多明显对立的做法，这就在专业人员和学术界内部引发了某种程度的混乱，事实上，所有这些做法只不过是一种更大的图像的点面而已。

这个框架的第一个组成部分是美学反应的方式，第二个组成部分是美学反应的性质。下面的图解，展示了这种关系的骨架，并将被用作进一步扩展的基础。

图1显示从观察者离被观察的景物的位置（在风景绘图中总是如此，而在这种传统情况下，景物具有这样的特点）到观察者

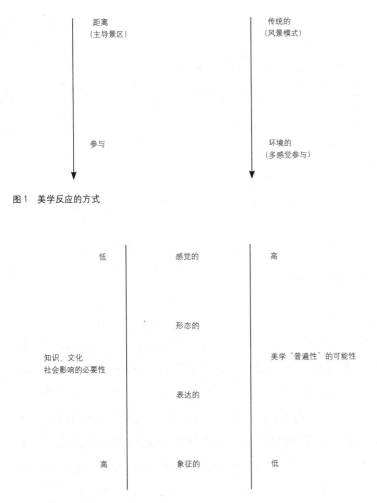

图 1　美学反应的方式

图 2　美学反应的性质

作为积极的景观参与者的位置。图 2 也显示趋势或倾向，但它们从两个方向行动，这一连串的反应可以作为一种下降序列，尽管尚不肯定，但这是发生在一个序列中的一种必然的实际进程。这些图解的每个部分都有一个或更多的与之相关的美学哲学或美学心理学学派。这些联系（如图 3 所详述）表明所提出的框架如何将这些对立的理论连在一起。

　　观察的远离模式包括观察者身体远离景物的感觉，因此，除了视觉，可能还有听觉或者"身体远离"即观察者生理上的隔离（常见于艺术的体验，但也适合某些景观），这种模式就不能利用别的感官了。

　　这类观察，就是我们在一个视点上眺望某个动人的远景或

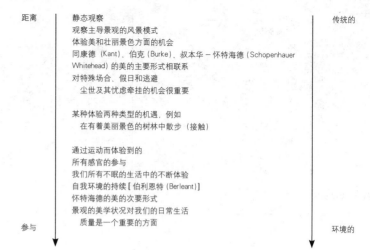

图3　美学反应方式的详解

前景时所经历的那种，但体验这一点的场合，对大多数人来说，并不每天都有。可以说，把许多自然景观确认和指定为景色优美的，例如国家公园，是由于获得了这样的美学体验机遇。高耸的山脉、莫测的深渊、雷鸣的瀑布和其他展示自然威力的大型景观，给我们提供了体验自然美或接触壮丽场面的感觉。早在康德、伯克、叔本华时代，就有着审美传统，探索和讨论这些理念。而在20世纪艾尔弗雷德·诺思·怀特海德的工作，发展成一种形而上学的美学理论，它基于有机体（例如我们自己）和我们的环境的互动，把诸如"硕大"、"强烈"和"力量"等概念确认为这种景观的特性，而这些景观的极致就形成了"美的主要形式"。

即使时下更多趋向强调问题的另一面，景物和这类景观美学仍然有许多可提供的东西，而不应低估。

参与美学专注非静态的认知模式［已由心理学家 J·J·吉布森（J·J·Gibson）方式和他的视觉流理论所证实］和所有感官的并用（视觉、嗅觉、听觉、味觉和触觉或动觉）。这种多感官参与，就如其他许多日常经历一样，确保审美是一种经常的反应，这一方式的主要倡导者是美学哲学家阿诺德·伯利恩特（Arnold Berleant），他把我们同景观（或环境）的关系描述为一种自我环境的统一体，而不是传统反应型特有的分隔。从这得出的论点是：

我们日常环境的美学状况，是对我们日常生活质量的一个重要的促成因素。怀特海德的形而上学的理论在这儿也适应：即他的"美的次要形式"。

图 4 显示从观察景观初始时刻（那时感官信息极为重要）到我们通过知识、信仰和文化调剂而吸收它的演进变化。这些步骤从一种形态阶段而演进（这意味着一种形态和模式以及潜在的景物的发现）到我们自觉或不自觉地尽力和我们观察的东西保持一致并理解它，使我们以前所有的知识服从新的认知。最后，在这种模式中，我们把联想运用到所观察的事物上；这些也许很有意义和价值。

不同的人强调不同的方面。克里尔·福斯特（Cheryl Foster）强调初始感官印象，而本书则重点关注形式美学。阿伦·卡尔森（Allan Carlson）强调知识的作用，而历史学家西蒙·沙马（Simon Schama）聚焦象征符号。然而，这些反应类型中每一种都可以进一步同其他工作，尤其是在认知心理学领域内相联系（图 5）。

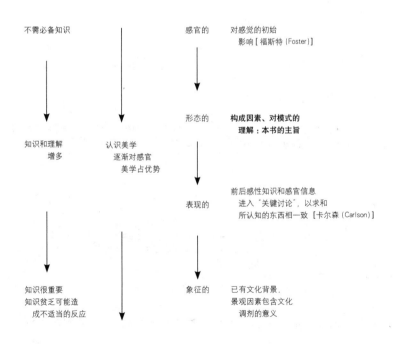

图 4　美学反应的性质详解 (1)

图 5 显示每个反应阶段如何直接同以前的或正在进行的研究相联系。克里尔·福斯特支持的感官美学同环境心理学相连，其中有些研究人员寻求共同的爱好或对某些环境类型的共同反应，因为我们人类的进化是作为一种物种进化。有些人则认为，开阔的热带稀树呈现出的草原般的景象，是人类进化活动在东非地区形成的典型景观，尽管这一点远未得到证实。

心理学和某种程度上的认知生理学证实，我们寻找和力求理解我们的环境模式。这一点由马尔(Marr)和他的"最初草图理论"就视觉认知得到了最大的发展，在这种理论中，他力图解释图像在大脑中是如何被处理的，因而我们就形成了对我们环境的真实结构的理解。格式塔心理学成功地描述了我们如何理解和反应模式的许多主要特征。要弄清我们可能对某些模式类型作出积极反应是因为它们比其他模式容易理解，做到这一点并不很费事。斯蒂芬和雷切尔·卡普兰(Rachel Kaplan)推断：一致性和易读性，复杂性和神秘性乃是一切吸引人的景观的主要特征。

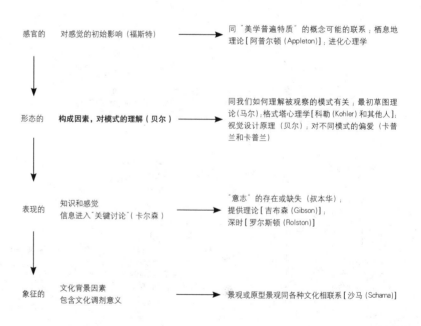

图 5　美学反应的性质详解 (2)

表现美学以各种方式被解释。伊曼纽尔·康德和艾尔弗雷德·叔本华两人都重视知识的作用,叔本华重视"意志"在我们美学体验中的存在或缺失,心理学家J·J·吉布森提出了一种"提供"理论,即我们以结构方式感知我们的环境,从实用的意义上说,寻找环境提供给我们的东西。阿伦·卡尔森(Allan Carlson)极力坚持:知识对美学体验极为重要。

有一个对自然美学特别重要的方面,那就是"深时",一种对景观的长生的赞赏和意识。霍姆斯·罗尔斯顿(Holmes Rolston)提出这一理论,而且可以看到适用于生命周期比人类长许多倍的树木和生态系统,在内部评论性讨论中(表现美学的一部分)时间意识和我们同景观的关系可能是一个深奥因素。

历史学家西蒙·沙马(Simon Schama)有力地论证了文化象征主义和景观,他考察了好多原型景观,诸如河流、山脉和森林。其他文化地理学家和考古学家也提出了相同的例证。象征主义可以用其他方式表现,例如,人工强加的景观可能显示某些坏东西,而自然性则能等同于优美。

这种结构表明,任何对景观的美学反应都是一种复杂的反应,它受到许多因素的影响,其中有些因素独特地被应用于每一个案中,另有一些则更多地同社会或文化群体相关联,但更多的是具有人情味的普遍流行的特征。我们每个人都含有这些因素不同的混合成分,但是有趣的是,你会发现,独特的和个别的因素的影响力比多数人认为的要小,而普遍因素相应地有着更大的影响力,因此观者眼中出美景的说法,只对了一部分。

景观模式

不管我们的观点、文化背景还是我们对某些景观的评价如何,我们在最基本的结构层面上,把它们感知为各种模式。从最初对新环境的感官互动起,我们就着手美学反应,而且作为这种反应的一部分,我们力图理解它的结构和组成,因此,在我们周围环境里寻找易懂的模式,并且在某种程度上尤其是在连贯的样例中寻求美的享受。

我们不把这些模式看作仅仅是一种图像,或漂亮,或别的什么。相反,特别是如果我们是设计师,意在把它们改变成更令人喜爱的东西，那么，我们了解它们的起源就极其重要了。有些模式可能是同地形和气候相互作用纯生态进程的结果，另一些则是人类活动同自然进程相互作用的结果，但并不是怀着美学目标有意识地规划或设计出来的。这样自我形成的景观也许很吸引人，但更多的模式是经过专门设计能引起美感的景色。这些模式没有一处是静态的，都会随时间而发展和变化，这是自然或人造过程的结果。变化的步伐是有差异的，有的突然而出其不意，而另一些则是渐变的。

因此，如果我们能鉴别景观的形态学，把它们放到文化背景上，并理解它的形成过程，我们就可以利用这些信息决定景观的未来使用、保护、发展和管理。我们将能预测某种变化造成的格局并从美学观点进行评估。用这种方法就能把景观正在经历的过程、压力和变化趋势与我们社会和文化所赋予的价值联系起来。

视觉词汇的重要性

我们的性格、个人偏爱和愿望各不相同，与广泛的社会文化规则混在一起，更不用说改变品位和时尚了，这些使得很多从事保护、发展或管理环境的人感到很困难。不仅需要寻找一种方法把所有这些观点和世界的物质属性都考虑进去，还必须识别个人的见解以及这些见解如何歪曲了个人的感知。有些事情是相当清楚的。民众经常对解决一个特定问题所应采取的最佳行动方针能达成大量的共识，例如汽车尾气中铅的排放问题。但是，当主题脱离了科学的客观性而面向设计和美学的感知主观性时，问题就不简单了。有些问题解决起来可能比另一些简单些。如产品设计，如果顾客不喜欢一个产品他就不会买，而市场会决定什么是好的解决办法。在建筑上，负责的委托人或委员会可能人数有限，他们的意见容易调和。但是如果要考虑更多、更广泛的使用者的意见，比如一般公众的意见，问题就要困难得多。

在更宽广的景观中，特别是在公共空间和公众能到达的区域，如果考虑有大量的人能看到、以各种方式使用并关心所看到的东西，那么这些区域的拥有者或占有者就不是唯一的"使用者"。

规划师、景观建筑师、工程师、护林员和农民等的活动都影响着景观，因此进行这些活动时需要特别小心。公众越来越关心以各种形式表现的环境条件，并觉得他们有权对环境中发生的一切事情发表意见。如果真是这样，如果真的要考虑很多人的意见，那么我们就需要一种方式来理解我们所看到的东西并知道如何把这种理解作为设计和管理过程的第一步。

正是在这一点上，我们需要考虑美学的位置和追求美的问题。正如南·费尔布拉泽（Nan Fairbrother）在她的著作《景观设计的本质》（The Nature of Landscape Design）中所指出的，"人是有意识创造景观的动物，是故意改变其环境设计的唯一物种，其唯一的理由是为了自己能获得美的享受。"如果我们回顾人类文化发展的千年史，例如在美索不达米亚（Mesopotamia）的苏美尔（Sumer）之前，我们发现人们总是喜爱事物的外表，从有简单装饰的早期陶器到宗教建筑、宫殿建筑群、花园和狩猎场。我们总是基于外观认为某些景观比另一些更有价值，否则就不会对需要保护的美景区域达成共识。外观不如功能重要或许是近几十年来西方社会的一个特征。例如建筑史上的现代运动真诚地试图在功能之外表现形式，但却没有得到许多已建成建筑的使用者的大力支持。部分原因是人们希望能在人体尺度上从视觉和功能类型来理解建筑或城市景观，也可能许多人就是觉得它们"丑陋"，因为他们未能清晰表达这个词的使用含义，这就导致有些设计师和有些公众部门之间的信任危机。

景色或美学价值是景观的合理"产品"，认识到这一点也是有益的。众所周知，人们为一所景色优美的房子愿意花更多的钱，而许多地区的经济在很大程度上依赖旅游业，游客来欣赏美景，或利用美丽的景观作为其他娱乐形式的场所。

也许，设计师和公众之间这种相互理解丧失的原因之一，是缺乏视觉表达的、能进行上述有关美学问题的适当讨论的共同语言。解决这个问题的方法之一，就是使用一种美学词汇，它不仅能使我们识别模式，而且让我们除了说"我喜欢那个景观"或"我不喜欢那个建筑"外，还有更多更多可说的。特别是，我们需要一种词汇，它能让两个或更多人讨论和评价他们所见到的东西（或一个设计方案）和以理性的、有资料根据的方式讨论其优缺点，这样，对一个特定景观或拟议的涉及美学活动进程的价值的看法，就能达成广泛的共识。这种需要，在采用同当地社区一起参与规划的设计方式的地方，更为迫切。

本书提出的正是这样的词汇。关键之处是对特定术语采用了几乎所有人都能同意的定义。在一些抽象的和真实的例子中还演示了它们的意义及其应用。这些术语是"视觉设计原理"。其中许多术语已经被接受或早就确立了，而有一些术语则比另一些更加科学和客观。过去所缺少的是把它们以清晰合理而有组织的方式提出来，使那些非专业艺术家或设计者都易于理解和接受。

1975年邓肯·坎贝尔看出了这个问题，当时英国景观中种植园森林这一特殊问题变得很重要，在此基础上，他试图提出一种合理的方法，后来，由奥利弗·卢卡斯加以发展，最近又被本书作者润色而演变成此书。这里推出的词语结构曾被用于培训非设计人员，例如林业管理员、土地经营者和土木工程师，以评价视觉美学，并获高度成功，此后又被广泛地应用于更多的行业。以前定义设计原理的著作，不是偏重纯美术方式，就是更多关注建筑，至今还没有人详细探讨过从小规模的城市景观到大规模的自然景观这样大范围的问题。

设计过程

我们怎样使用这些词汇？以直线的解决问题的方式来完成设计是经常出现的情况：测量、分析、设计，通过合理和确定性的路径得到结果。这一点可以在过去几十年的大多数工作中得到例证，特别是在伊恩·麦克哈格（Ian McHarg）所采用的方法中。形式服从于功能的方法压抑着创造性。无论是有意识地想得到美的结果，还是想直接在感觉上模仿自然过程，都没有什么创造空间。另一个缺点是缺少设计与真实景观相匹配和被理解的阶段，有一种依赖地图进行评估的趋势，其中分析过程的逻辑性是最主要的。

设计过程第一阶段的目标在于用词汇识别现存景观的格局并用空间术语进行表述，然后分析格局的来源和任何正在进行的过程。之后，可以加入与现场相关的功能方面的描述，并且搜寻由现存格局触发的针对设计方向的灵感。如果现存的格局因为某种原因不能永存，则虽然美学要求显而易见，但解决办法要求更有创意的抽象思维。结果，在设计中功能和美学是融合的，而不是一个比另一个低下，或者只作为装饰。这种方法也允许对设计提出批评，除了功能和成本准则以外，还可以用审美的准则进行评价。这种方法绝不束缚，而是提倡创造性的表达，虽然在这个领域中通常都要求功能和美学方面的平衡，而且简化论者处理质量和成本的方法通常要在追求完美方面做出妥协。

当然，设计不仅是要把要素组织在一起，成为在视觉上令人愉悦的安排。它还要在功能、成本和美学之间求得平衡。经营者在前两方面大多数是痛快的，但是涉及美学时就缺少了乐趣。我相信，在一定程度上这是由于设计的奥秘以及通常在感知上的主观性。一旦把设计的合理性基础解释清楚，实用主义的人们通常更愿意以一种严肃性来处理这个问题，就像对待实践性和成本一样。我希望本书能向设计者和非设计者提供共同的美学语言，以便今后能对环境视觉管理的建议开展更好的更有见地的讨论。

如何使用本书

基本原理的描述分三个层次。首先定义和讨论了组成景观的所有基本要素。每个基本要素可以有多种方式的变化。它们还可以组织成各种格局。元素、变种和组织这三部分的组合描述了在现存景观中可以找到的格局，或者生成视觉设计或新的格局。在一个好的设计中，所选的变量及其组织方式是积极和谐的。 一个失败的设计是消极的，不和谐的，不考虑个人的情趣和偏好。

三重结构的组成因素详述如下：

• *基本要素*

点、线、面、实体、开敞的体

• *变量*

数量、位置、方向、方位、尺寸、形状（形式）、间隔、纹理、密度、颜色、时间、光线、视觉力、视觉惰性

• *组织*

设计目标：统一性、多样性、场所精神

空间提示：接近、围合、联结、连续性、相似性、形体和地面

结构要素：平衡、张力、节奏、比例、规模

秩序：轴线、对称、等级、基准、转变

　　每一节的结构如上所示。对待每个原则的方法有一个逻辑顺序。但是没有理由不把它作为参考手册。前后参照有助于读者理解原则间的联系，而每一节开始时的摘要有助于记住每个主题。插图是为了澄清要点。案例研究用于同时演示几个要点的应用及相互作用。

　　运用这一结构的实用方法是拍摄一张景观照片，并依次运用每一要素，并自问是怎样把它运用到所拍摄景观中的。给照片作注释和画快速钢笔画，对记录决定景物的独特处的关键因素很有用。那些视觉上可以被辨识的构成景物独特性的东西值得保护或包含在设计中。

参考文献

BERLEANT, A. (1992) *The Aesthetics of Environment*, Temple University Press, Philadelphia.

BURKE, E. (1958) *A Philosophical Enquiry into the Origins of our Ideas of the Sublime and the Beautiful* (ed. J.T. Boulton), Routledge and Kegan Paul, London.

CARLSON, A. and SADLER, B. (1982) *Environmental Aesthetics: Essays in Interpretation*, University of Victoria, Victoria B.C.

FAIRBROTHER, N. (1974) *The Nature of Landscape Design*, Architectural Press, London.

FOSTER, C.A. (1992) *Aesthetics and the Natural Environment*, unpublished PhD thesis, University of Edinburgh.

GIBSON, J.J. (1966) *The Senses Considered as Perceptual Systems*, Houghton Mifflin, Boston.

KANT, I. (transl. J.H. Bernard) (1981) *The Critique of Judgement*, Macmillan, London.

KAPLAN, S. (1988) 'Perception and Landscape: Conception and Misconception' in (ed. J.L. Nasar) *Environmental Aesthetics*, Cambridge University Press, Cambridge.

KOHLER, W. (1947) *Gestalt Psychology: an Introduction to Modern Concepts in Psychology*, Liveright Publishing, New York.

MARR, D. (1982) *Vision: a Computational Investigation into the Human Representation and Processing of Visual Information*, Freeman, San Francisco.

McHARG, I. (1969) *Design with Nature*, Natural History Press, New York.

ROLSTON, H. (1996) *Deep Time*, unpublished paper presented at the conference on the Aesthetics of the Forest, Lusto, Finland.

SCHOPENHAUER, A. (1969) (transl. E.F.J. Payne) *The World as Will and Representation*, Dover Publications.

WHITEHEAD, A.N. (1960) *Adventures of Ideas*. Mentor Books, New York.

第一章
基本要素

点

线

面

体

要素的组合

第一章
基本要素

　　我们周围的山脉、丘陵、平原、水域、森林、植被、建筑物和人工制品，提供了我们所看到的无数的不同景观模式。在导言里，提到了各种美学和视觉感知的理论，为了理解我们的环境，我们必须能分离每个构成部分，然后加以识别，并回溯它与整体景物的关系。第一章就以基本的方式开始这一进程。为了帮助了解它们的视觉特性，景观可以用合理的方法加以分析。如果我们要能确定每个部分作出的美学贡献和在理解的基础上，决定未来的行动进程，那么这一点就很重要了。既然我们看到的模式是由不同的组成部分安排而成的，那么描述和给这些组成部分分类，就成了一个明显的起始点。构成任一这些组成要素的每个物件或物品，都可以看作一种"基本的建筑砌块"。

　　根据我们观察物体的方式——例如我们同它们的距离——我们可以把它们看作四种基本要素之一 ——点、线、面、体（没有维度——只是真实地标示出空间位置而已，分别为一维、二维和三维），这些和欧几里得几何里的维度有关。就此而论，它们可以被视为真实世界的简化，往往展示一种更为复杂的被称之为"不规则碎片形的"几何类型。然而，我们可以利用要素组合或那些部分属于此种、部分又属于另一种的要素来表达不规则碎片形几何的结构，在此结构中这很适用。事实上，大部分受人类影响的环境是相当严格的欧几里得图形，尽管部分自然世界展示出真正的不规则碎片形几何图形。为便于分析，在我们弄清它们如何相互影响和组构的各种变量及方法对所产生的模式的影响之前，我们需要先了解每种基本要素的特性。

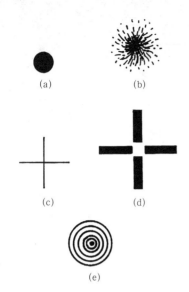

(a) 一个点；
(b) 一个密集点；
(c) 交叉线构成一个点；
(d) 聚焦线也构成一个点；
(e) 同心圆强调一个中心点

点

- 一个点可以在空间界定一个位置；
- 小的物体可以被看成是一个点；
- 点的特性可以和权力及所有权发生联系，可以有各种各样的象征性。

一个点，严格地说没有大小，但可以在空间标定位置。因此，最初它可以由一些第二位的手段来表示，如交叉线或聚焦线，或者是一个光点。实际上，一个点需要某种尺寸以吸引注意力。在景观中，小的或者远的物体可以看作是点。一捆麦秸、一棵孤立的树、远方一座较小的建筑都是常见的例子。

在过去，点经常被用于一个特定的目的，如标志领土、确定所有权以及在一片土地上的统治权、充当标界、作为重大设计的焦点，或者仅仅为一个无特色的景观提供一个兴趣点。实例包括远古时代突出的巨石，或在地平线上的青铜时代古墓（都可能已经确立了相邻土地的所有权），还有孤独的教堂尖顶、一条主要大道尽头的方尖塔、一个战争纪念馆或一座纪念人物或事件的纪念碑等。所有这些都讲述着社会以及把它们放置在这里的人在社会中的地位。

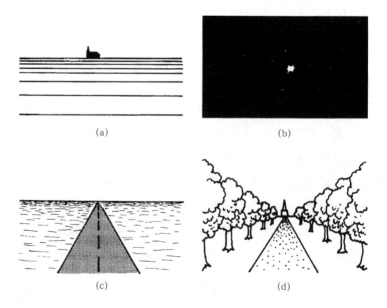

景观中的许多地貌可以看作点：
　(a) 地平线上的教堂或类似的物体；
　(b) 光点，如天空中的星星；
　(c) 两条平行线在远处好像交会于一点；
　(d) 线以及在地平线上的物体形成一个焦点

单棵树成为一个点，否则这片草原就没有景色

这座尤里·加加林纪念碑，坐落在俄罗斯伏尔加河的萨马拉，就是一个从许多方向吸引人们目光的点。这一突出地位可以确保所纪念的人永远不会被遗忘

在一个空旷的地形中，孤独的一棵树或一座建筑，可能会产生一种不相称的视觉效果，因为它是唯一吸引我们注意力的参照物。这样它也许就成了从背景中突显出来的图像。

线

- 在一个方向上延伸一个点可以产生一条线；
- 点的位置可以暗示一条线；

21

- 线可以是想象中的，但仍可以施加影响；

- 平面的边可以看作一条线；

- 线可以有自身的特性；

- 在景观中，自然的线是普通和重要的；

- 人造的线也是大量的；

- 线可以广泛用作边界；

- 线在建筑中可以作为定义性的要素。

严格地说，点没有尺寸，而线是点在一个方向上的延伸。线需要一定的厚度来标记，并且根据画出或生成时的情况可以有特殊的性质，例如干净的、模糊的、不规则的或者不连续的。平面的一条边缘或多条边缘也都是在一定距离下的线。不同颜色和纹理之间的边界也是线。线还能通过点的位置或边的协助来暗示，线还可以有独特的形状，含有方向、力量或能量的意思。线作为大脑处理视觉信息方式的一部分特别重要。这一过程的一部分好似识别边界，因此能把景物的一部分同另一部分区别开来。有些研究人员相信，大脑里可能存在专门细胞，其任务就是识辨线，

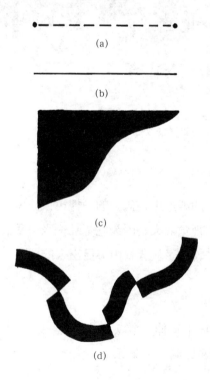

(a)

(b)

(c)

(d)

(a) 一条线由一个点在一个方向上延伸而成；
(b) 就这样形成了一条简单的线；
(c) 两个形状或平面之间的边界就是线；
(d) 多个平面首尾相接，如果视线随着相邻的边缘移动，就可以生成一条连续的线

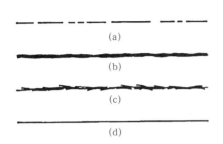

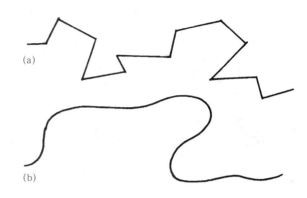

线有不同的性质：
　(a) 一条断开的线；
　(b) 一条宽窄不一的线；
　(c) 一条模糊的或难辨认的线；
　(d) 一条清晰的、简单的线

线有不同的特点：
　(a) 一条平滑的、流动的线；
　(b) 一条有棱角的、僵直的线

因此我们就能看到信息量虽很少但却存在的线，而且一当我们看到线，就难以中止看它。

　　在景观中，线是大量的，而且非常重要。自然界的线存在于河流、树干、植被边缘、天际线、地平线以及岩石层中。田野的边界、道路、犁沟都是人造线的例子。

在加拿大的不列颠哥伦比亚省，贯穿景观的动力线，创造出非常强烈的印象，它与自然的植被模式形成明显的对比，而雪景则增强了这种对比度

这是一张河床移动交织成的线网。冰川融化后
的水缓慢流动，遗留下沉积物
奥地利的上陶恩（Hohe Tauern）国家公园

石头墙创造出景观中一种强烈的线性格局。在
英格兰约克郡的戴尔斯（Dales）地区，光线
造成的格局犹如覆盖在小山上的一张网

　　或许作为描述所有权、土地使用权、疆土范围的边界线是长久以来最有意义的线。在英国，围合公共用地时设定的线，殖民地领土授地时设定的线，或划分文化的国际边界线有助于确定景观格局，对整个国家的景观有非常久远的作用。交通线——河流、铁路、公路——也确立了它们自己的格局。有时这些不同的线是和谐的，有时则互相交叉而引起紊乱和冲突。

　　在建筑环境中，在建筑或城市规划中，线可以是重要的定义性和控制性的要素，如房基线（即建筑物的底脚线）、视线及屋顶线都是这些线的例子。

　　想象线，如把同一标高的点连接起来的轮廓线，是有作用的。例如，多山国家的树线（一种海拔高度和气候的组合）、对道路坡度的限制、建立标准的建筑或耕作梯田都可以由它们与轮廓标高的关系来决定。

面

- 延伸一维空间的线可以生成二维空间的面；
- 面可以是平的、弯曲的或扭曲的；
- 面可以是隐喻的，也可以是真实的；
- 不同位置的面可以围合空间；
- 自然完美的面很少；
- 建筑物的正面是一个面；
- 面可以在论述别的问题时作为媒介；
- 面可以因其固有的性质（如反映）而被使用。

把一条一维的线向二维伸展就形成一个面。它没有深度和厚度，只有长度和宽度。实际上，一张纸或一堵墙或多或少都可以看作是纯粹的平面。近看一个三维物体的表面，常常感知为一个平面。平面可以是简单的、平的、弯曲的或扭曲的。它们不需要是连续的，也不需要是真实的——就像"图画平面"中所隐喻的那样。用平面围合成空间时，可以具有一种特殊功能，如地面、墙面或屋顶平面。

　　在自然界很少有"完美"的平面。规则的、对称的水晶般的表面是十分罕见的。未搅动的、平静的池塘或湖泊表面就是接近

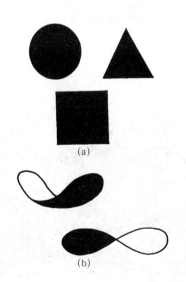

(a) 平的、简单的几何形平面；
(b) 弯曲的、扭曲的平面

平面可以执行一种功能,尤其是在建成环境中,如地面、屋面或墙面

图画平面:隐喻的平面,它形成在现实和影像(绘画或照片中)之间的界面

完美的平面了。它的这种特性以及在平静水面上的反映特性都可以有意识地应用于设计之中。这种罕见的完美的自然平面,是由于不规则的碎片几何形的作用,通常从远处看似自然完美平面的东西,证明比在近处审视包含更多三维特征。例如在潮水退去后的平坦海滩,实际上覆盖着波纹的残痕,从而创造出一种更具三维性的表面。

　　其他平面还包括大地表面。对一些结构来说,大地表面可能扮演了地板面的角色。紧密成行的树可以形成垂直的平面,而高挑的树枝能形成一个屋顶平面。空间构架或绿廊也能界定较透明的平面。它们围合空间,从而建造了开敞的体。

完全静止的水是完美的平面。这里是澳大利亚的塔斯马尼亚州 McQuarrie 港 (McQuarrie Harbour, Tasmania)。完美的倒影和深深的阴影使水的表面能完美地衬托出周围的自然形状

就设计而言，平面可理解为一种媒介，用于其他的处理，如纹理或颜色的应用，或者作为围合空间的手段。在下一章中我们要讨论的许多变量都依赖平面来提供基本的媒介。但是平面本身就可以使用：映射的池塘就是一个典型的例子。用于许多比赛——足球、板球、木球、网球——的场地都依赖于精确的平面布置。一些建筑物用水平的平面达到特殊的效果，如用平行的平屋顶来突出地平面。一些摩天大楼的垂直面上，透明的玻璃幕墙能够映射天空或周围的建筑物。

在苏格兰珀斯郡（Perthshire）的梅克卢尔（Meiklour），紧密排列的树形成一种有趣的垂直平面。这些修剪整齐的树产生一种"百英尺高的树篱"的感觉

在美国俄勒冈州的波特兰，由劳伦斯·哈尔普林（Laurence Halprin）设计的喷泉用了华丽而抽象的平面组合。互相重叠的水平面（稳定的、静止的、干燥的）衬托着垂直平面（不稳定的、流动的、潮湿的），形成一首和谐、平衡的乐章

27

体

- 体是二维平面在三维方向的延伸；
- 体可以是实体的，也可以是开敞的；
- 实体可以是几何形的，或者是不规则的；
- 建筑、地形、树木和森林都是实体——空间中的质体；
- 开敞的空间由平面或其他实体界定——围合的空间；
- 建筑物的内部、深深的山谷和森林中树冠下的空间都是开敞的体。

我们从二维移向三维，从而得到体。体有两种类型：
- **实体**——三维要素形成一个体或空间中的质体。
- **开敞的体**——空间的体由其他要素（如平面）围合而成。

实体可以是几何形的。立方体、四面体、球体和锥体都是欧几里得实体的例子。在景观中，埃及的金字塔和其他古代人造结构，与网格球体、玻璃立方体等近代的例子都是几何形体的实例。在简单但巨大的欧几里得几何实体的强烈视觉印象中，有些东西特别突出，这些实体在建筑和设计中继续流行。

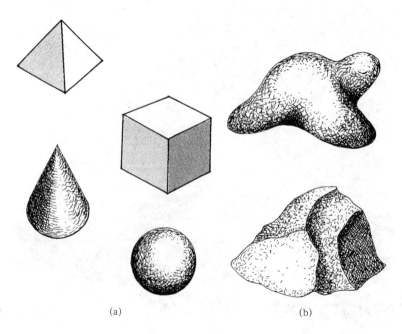

(a) 几何形实体：典型的欧几里得形状；
(b) 不规则实体：柔软而圆滑，坚硬而有棱角

(a)　　　　　　　　　　(b)

自然实体支配着景物，它们强大的形体通过光、影而被强化。美国犹他州的纪念碑山谷

　　不规则的实体也很普通。一些可能是圆滑而柔软的，而另一些则坚硬而有棱角。一些引人注目的地形是突出于平面的高耸实体。澳大利亚的艾尔斯山（Ayers Rock）和美国怀俄明州的魔鬼塔（Devil's Tower）是两个突出的例子（参见"地方特色"）。毫不奇怪，这样的地形对两地土著人有神秘的传说或精神价值。清晰的火山锥是另一些半几何形体，它们在人类经历的可能性中历经时日而变化和增长，而不同于大多数地质特征。沙丘随风改变形状，有一些则以平稳的速度在沙漠旷野中移动（参见"方向"）。

　　单独的建筑或建筑群体不能围合的空间，从外面看是实体。一些大型的建筑，如发电站的冷却塔，高耸于周围平坦的景观之上。

几何实体样例：在墨西哥奇琴伊察神庙的玛雅金字塔

29

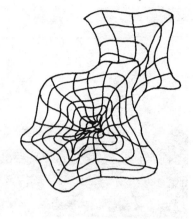

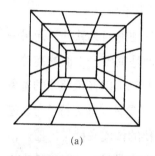
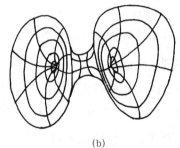

(a)　　　　　　　　　　　　　　　　(b)

(a) 规则的开敞体；(b) 不规则的开敞体

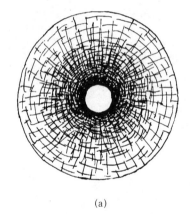

(a)

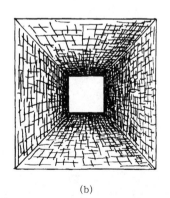

(b)

隧道、管道：这些开敞的体是由围合它们的面构成的

不是所有的体量看上去都沉重或密实——划过天空的浮云或落叶后的树林都是轻的或透明的质体。

开敞的体可以由开敞的空间结构（如桁架）所界定，它们也能以密实的平面为边界，形成空洞。或许，较含糊的是钢和玻璃的透明建筑，如植物园中的玻璃房，它围合了一个隔离的气候区，模糊了围合空间和开敞空间之间的差异。

在外部景观中，主要的围合要素可能是像地形一样的实体，在狭窄、幽深的山谷里形成开敞的体。树木和森林可以包含空间，并在树木之间或者在森林内部建立开敞的体（如经过设计的园地景观），或在森林内部的小行车道、小开敞空间、砍伐区。在森林树冠下，伸展在头顶上的枝条、地面以及树干所隐喻的平面也可以创造一个体。

一些给人深刻印象的城市空间都是精心布置平面（建筑物的立面）创造开敞体的结果。它们可以互相连接并以一种详细规划的式样从一个空间流到另一个空间。

在森林的树冠下，由顶部的树冠、大地平面和
树干围合成一个开阔的空间。树的高大和植被
的开放特性更惹人注目。不列颠哥伦比亚省的
温哥华岛，丛林大教堂（*Cathedral Grove*）

被绿廊和稠密的金莲花枝叶覆盖生成的蜿蜒
的开敞体：人工栽培而成的林冠，供人消
遣。威尔士圭内特郡博德南特花园（*Bodnant
Gardens, Gwynedd*）

31

由冰河作用侵蚀高原的深谷或峡湾而形成的一处大开阔体量。
加拿大，纽芬兰省的格罗莫讷国家公园

要素的组合

- 一个要素孤立存在的情况是很少见的；
- 要素之间的差异可能是模糊的；
- 距离可以改变要素被呈现出来的感觉。

　　一个基本要素孤立存在的情况是很少见的。通常它们都组合在一起，而且它们之间的差异可能是非常模糊不清的。许多点可以表现为一条线或一个面，而从不同的距离看，平面可以像点、线（边缘）和实体或开敞体的面。当我们看景色或其构成时，这种可变性使我们兴奋。随着我们从一个规模移到另一个规模所产生的这种变动，对我们从不同距离、不同的观察位置去理解格局有重要的意义（参见"规模"）。

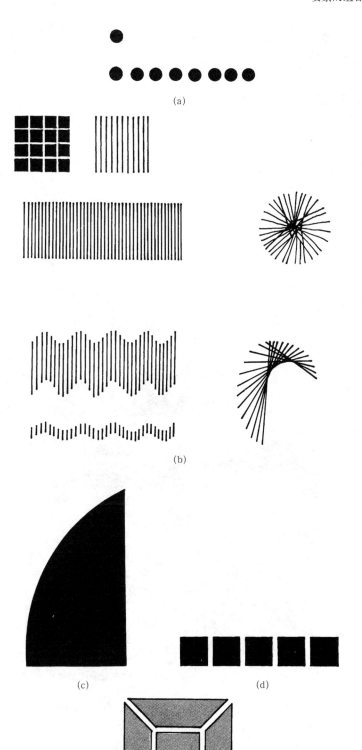

(a)

(b)

(c)　　　　　　　(d)

(e)

要素在组合中的可变性的一些例子：
　　(a) 单个的点重复出现时变成线……；
　　(b) ……或面，……就像许多线，无论是平直的，还是弯曲的，都可以变成面；
　　(c) 平面的边就是线……；
　　(d) 许多面可以成一条线……；
　　(e) ……或围合成体

在这个景观中，岩石表面代表一个平面，它被
许多线切开。处于表面的岩石，根据观察者同
它们的距离，既可以定义为点，又可以定义为
体。美国加利福尼亚州约塞米蒂国家公园

在希腊的埃皮扎夫罗斯 (Epidaurus) 的古希
腊剧场中，看台以倒置的截头圆锥体的形式布
置成一个弯曲的平面。其结果在视觉上很和
谐——平面、水平线和垂直线聚焦于中心的圆
形平面，即乐队的位置。观众欣赏演员的表演，
不仅视觉上很完美，在听觉上也同样完美——
即使是坐在最上层的位置，也能听到乐池中心
一根钉子坠落的声音

这种组合的另一个方面，或者维度间的模糊差别，也是不规则碎片形几何的一个特点。面变成体，线变成面，最终就难以给它们归类了。真正的碎片模式,在一定范围内具有自相似性。因此，在近距离审视中，相同的模式一次一次地显示出来，这一特点在本书后面还会再现。

第二章
变 量

数量

位置

方向

方位

尺寸

形状（形式）

间隔

纹理

密度

颜色

时间

光线

视觉力

视觉惰性

第二章
变　量

> 概括地说，点、线、面、体是用视觉表达质体－空间的基本要素。生活中我们所见到的或感知的每一种形状都可以简化为这些要素中的一种或几种的结合。
>
> ——加勒特 (Garrett)，1969 年

基本要素是可以看见的，这与光线、颜色、时间和运动有关。我们以各种不同的方法见到它们。但是，有一些有限而根本的方法可以改变它们。

数量、位置、方向、方位、尺寸、形状（形式）、间隔、纹理、密度、颜色、时间、光线、视觉力、视觉惰性

在这一章里我们将依次考察每一个变量，把它们放在第一章描述过的基本要素的上下文关系中。在这个阶段，我们还没有涉及要素如何组织成图案的问题，而如果对变量的作用没有清晰的理解，就不能理解最终图案的意义。变量与组织原则相互作用，正是这种相互作用决定了总体的视觉效果是否和谐。这也是符合逻辑的过程，简单地把组成部分分解成基本要素，再到更复杂的等级：变量。

数量

• 要素孤立存在在数量上就是"1"；

(a)

(b)

(a) 一个要素；
(b) 多个要素：开始形成格局并产生互相作用

一个形状中的一个要素是由不同形状的多个要素组成的

- 数量多通常意味着更复杂；
- 数量是以不同的方式表示的；
- 数量中包含模糊的概念；
- 数量可以有比例和序列。

　　单个要素可以独自存在,而且与其周围环境没有明显的关系。通过重复、相加或用其他方法增多，每个要素会与另一个发生视觉关系，这样就产生了某种空间效果。通常，一种要素的数量越多，图案或设计就越复杂。

　　表达多个要素的方法可以各不相同。单个完整的形状可以重复而形成格局。反之，单个形状本身可以由一系列别的形状组成。初始形状的区段或部分可以重新分布而创建新的形状或图案。在不同规模中出现的元素，在另一个规模上可能被看成是更大整体的一部分，或者本身是由多个在远处不能识别的要素组成的。

　　数量在有些方面是模糊不清的。一排由多个单元组成并排成阶梯状的房子可以作为单个形状出现。从一丛紧密生长的树中则

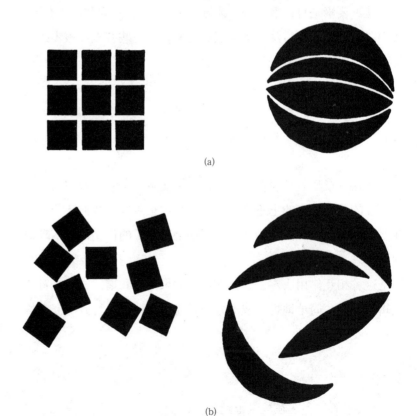

(a)

(b)

(a) 单个形状可以由多个要素组成；
(b) 或者分成多个区段或部分

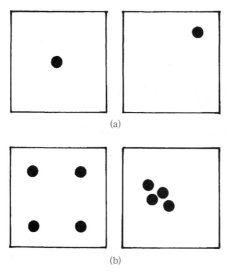

(a)

(b)

(a) 一个要素只能放在空间的一个位置；
(b) 多个要素既放置在空间，又有相互间的关系

可能看到同龄单棵树的形状和尺寸。

　　数量还可以包含比例和数列。有些数，如奇数，可以导致要素被放在一定的位置上，如五点梅花形那样（5 个要素交叉排列的形状）。其他数列可以用来建立非对称的设计（1，3，5，7，9……等），还有一些已经用作抽象的数学比例系统的基础（如斐波纳契数列，最后两个数相加得到下一个数）（参见"比例"）。人们发现，数在许多自然模式的形成中很重要，正是数字关系造就结构，如螺旋形。

　　在解决一个设计问题时，增加数量会导致复杂性。在景观中布置单个建筑，与布置两个或多个建筑相比，是较简单的任务：建筑群的视觉关系、朝着建筑群看和从建筑群向外看的景色、安排通道和服务设施等会使设计更复杂。

单一物体——在本例中为一台风力涡轮机——可以轻易地被置于景观中

41

大量的风力涡轮机更难以容忍，因为它们必须同景观和彼此相适应

从这个观察点可以清晰地看到美国俄勒冈州胡德山（Mount Hood）国家森林中大量砍伐干净的林地。随着砍伐数量的增加，这种景色开始占支配地位。这种累计效应产生强大的视觉效果，是少量砍伐所没有的

通常，某一特种要素的数量，可能随时间而积聚，直到它们对景观说来过多而停止。就如在森林中进行伐木，砍下的木材的数量不断增加，直到场面过度难堪而止。一处景观能承受的风力涡轮机的数量，可能是至关重要的，如果风景质量不被破坏的话。因此，了解在什么程度上视觉承受力达到极限就很重要。

位置

- 有三种基本位置：水平、倾斜、垂直；
- 点是在空间中定位的；
- 根据定位的情况，线可以引起视觉力和视觉紧张；
- 面可以互锁或重叠；
- 要素的位置可以和地形相互作用；
- 建筑物的位置可以相互有关，或与地形有关，或与其他形体有关；
- 确定位置的非视觉因素仍然影响视觉格局和结构。

空间中的形状有三种基本位置：

水平的——平行于地平线；

垂直的——垂直于地平线，即人的直立位置；

倾斜的——在二者之间，斜的。

这三种位置可以有很深的内涵。水平的形状看起来稳定、静止、不活动、贴着地面。垂直的形式长期来一直用于表述或者表明与天空的关系。因为垂直形式同水平相对比，它们往往显得更突出。垂直位置还代表生长，如树干、植物的茎。倾斜的位置创造出更动态的效果并可能显得不稳定。

要素可以通过其位置——平行、首尾相接、交叉——彼此相关。不同的位置如果同时使用，就可能出现混乱和不协调。点可以放置在空间的中心，外部，向着一侧或碰到边缘。每一种位置在元素和空间之间都建立一种关系，唤起一种感觉，或者是稳定、平衡，或者是力量、移动和紧张。在每一种情况下，产生效果的都是要素与整个空间的关系（参见"视觉力"，"平衡"）。

线有强烈的单向的感觉。根据它们的相对位置，也能引起视觉力和视觉紧张。一对交叉线在空间中可以产生不同的效果，取决于它们的方向，是否相交、是否延伸到空间之外或留在空间内部。不同的位置可以加强或减弱围绕要素的视觉力（参见"视觉力"，"张力"）。

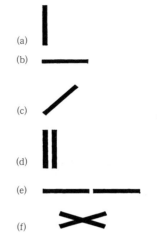

(a)
(b)
(c)
(d)
(e)
(f)

一些基本位置：
　　(a) 垂直——垂直于地平线；
　　(b) 水平——平行于地平线；
　　(c) 倾斜——介于 (a) 和 (b) 之间，不稳定
相同要素的相互关系：
　　(d) 平行；
　　(e) 首尾相接；
　　(f) 交叉

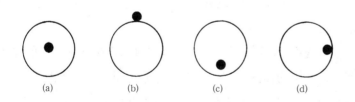

(a)　　　　(b)　　　　(c)　　　　(d)

一个点和一个面的相对位置：
　　(a) 在内部，正中，稳定；
　　(b) 在外部，正中，潜在的不稳定；
　　(c) 内部，偏离中心，稳定；
　　(d) 内部，贴着边，动态

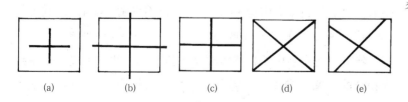

(a)　　　(b)　　　(c)　　　(d)　　　(e)

交叉线相对于平面的一些位置：
　　(a) 平行并在边缘以内——稳定但浮动；
　　(b) 平行并伸到边缘以外——稳定和统一；
　　(c) 平行并触及边缘——把平面分成几份；
　　(d) 对角线，交会于角部——稳定；
　　(e) 对角线但不完全在角部交会——不稳定，产生视力紧张

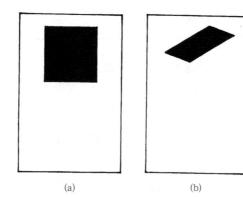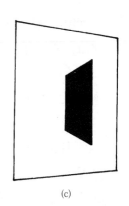

两个平面的相互关系：
　　(a) 平行——稳定，平衡，虽然顶部较重；
　　(b) 倾斜——不稳定，动态；
　　(c) 垂直——稳定，平衡

(a)　　　　　　　　　　(b)　　　　　　　　　　(c)

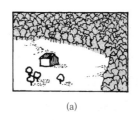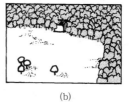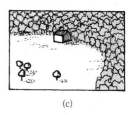

(a)　　　　　　　　　　(b)　　　　　　　　　　(c)

建筑物在景观中的可选位置：
*　　(a) 一个小的建筑物在林地边缘外的开阔空间中。建筑物（一个点或小的体）在视觉上占据了空间但不切断林地的边缘线。功能上，建筑物得到大量的阳光，但还有一些没有表示出来的视觉效果，如道路和停车场会增加设计的复杂性。建筑物不像束缚在景观中；*
*　　(b) 建筑物隐藏在林地的边缘中，隐蔽性好。没有闯入开阔空间，可以隐蔽所有附加的功能要求。但建筑物的光线不足。屋顶和天沟会在秋天收集落叶；*
*　　(c) 建筑物贴着林地边缘有助于吸引视线成为焦点。光线、外貌、通道好，停车场可以隐藏在林中。贴着线的位置有助于与景观连成一体，又不像 (a) 那样占地*

　　平面可以跟随互相平行、互相倾斜或互成直角的两条主轴。互相倾斜和互成直角的位置可以彼此互锁或重叠（参见"空间暗示"）。

　　在景观中，要素相对于地形的位置可以产生非常明显的作用，特别是在小山的顶部。部分原因是地形的视觉力，也因为目光被吸引到山顶。山上（而不是山谷）高压电塔上划过天空的电力线产生视觉紧张，并与视觉力相冲突。另一方面，雕塑或纪念碑如果不是正好在山顶，也会产生视觉紧张。机械装置如风力涡轮机，如果置放偏离山顶或山脊主峰，也会显得不平衡（参见"视觉力"，"平衡"，"张力"）。

　　建筑物在景观中的位置需要考虑体、面、线的组成，以便维持和谐的平衡（参见"对称"，"平衡"，"轴线"）。布置若干建

筑物时，可以遵循其固有的几何形状（例如互相垂直成组），地形（如与轮廓线平行），或其他形体（如由树或林地围成的空间的边缘）。

　　形体的位置可以由美学以外的其他原因决定，但仍然会产生强烈的视觉效果。有时宗教活动要以精确的方式布置形状，如索尔兹伯里平原（Salisbury Plain）上的巨石阵或在安第斯山脉的印加山顶神庙（参见"方位"）。防御和保护也决定位置——铁器时代的山顶堡垒位于突出的山头，如哈德里安墙（Hadrian's Wall）建在诺森伯兰郡（Northumberland）的粗玄岩基石（the Great Whin Sill）上，克拉克德谢瓦里埃（Krak des Chevaliers）城堡建在叙利亚的崎岖山顶上。贸易和交通线路以及它们的防御在决定定居位置时仍然是重要

小建筑物的布置使视野、阳光和通道达到最大化，而对前景中高尔夫球场草地的实际入侵和视觉入侵为最小。森林背景有助于包容建筑物并屏蔽掉通道和停车场。美国俄勒冈州黑山牧场（Black Butte Ranch）

诺森伯兰郡的防御线——哈德里安墙是沿巨大的粗玄岩基石而筑的。这个位置对防御者有最大的自然优势，对敌人的领地有良好的视野，对进攻具有有效的自然防护。在墙和地形之间有极紧密的视觉关系

日本禅园在耙犁过的地面上非常精确地安置精选来的石头，达到了完美的效果。尺寸、形状和成组化的结合对达到和谐的平衡是特别重要的。设计者要花很长的时间来决定每块石头相对其他石头的最佳位置。日本京都龙安寺 (Ryoan Ji)

的：如斯特灵（Stirling）市在苏格兰的福斯河（Forth）上，魁北克市在加拿大的圣劳伦斯河（St Lawrence）上，而芝加哥市位于两个大湖之间的铁路网上。所有这些例子都影响着景观的模式和结构，既在视觉上富有意味，又有历史性、象征性和功能性。

　　就艺术而论，日本禅园的位置非常精确，要求极大的关注来生成整个景观的近乎完美的效果，其中石头代表经过耙犁的用砾石铺成的海面上的岛屿。这里还有进一步的象征意义，石头和砂砾代表生与死或无的思想。

方向

- 要素可以按一个特定的方向布置；
- 要素的形状可能隐喻着方向；
- 景观中的线能够产生一种方向感，引导观察者注意整个构造；
- 自然要素按照力量显示方向，如风、浪。

　　一个要素的位置可以由特定的方向决定。另外，它可能表现得不稳定，它可能暗示着运动，这种运动几乎总是使人想到方向，

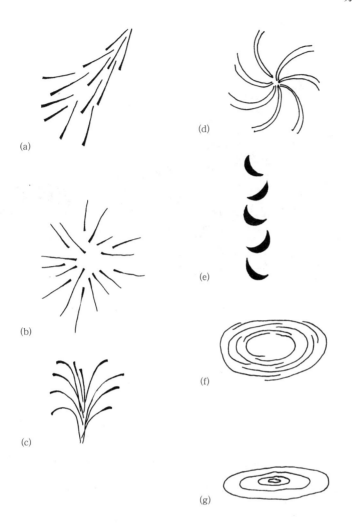

要素可以表示许多不同的方向：
(a) 上升并交叉——从左下到右上；
(b) 向外；
(c) 向内并向下；
(d) 向外旋转；
(e) 下落，从一侧到另一侧；
(f) 围绕一个中心点旋转；
(g) 从一个中心点向外

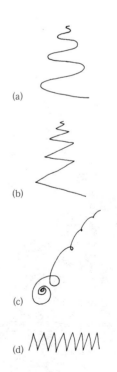

例如上、下（垂直）或从一侧到另一侧（水平）。要素的形状也可以加强方向感，特别是线或线性形状。

在景观中，像小径、道路这样的线经常产生方向感，引导观察者注视它们。当曲线在拐角处撩人地消失时更是这样。树丛的位置可以精确设计，把视线导向特别的形体或元素，设计成吸引人的点。

自然要素可以因其形成或生长的方式显示方向。树木自然地向着光源生长，或者可以被风塑造。沙丘都有同样的朝向，并随着风的方向移动——这一点反映在它们的形状上。退潮时留下的海岸上的波痕反映着海浪的运动（参见"节奏"）。

景观中可能发生灾难性破坏，而留下了灾情发生的方位，例如火山喷发或飓风吹倒的大片森林。

方向性的运动可能有不同的品质：
(a) 平滑地卷绕向前；
(b) 颠簸地向前；
(c) 跳跃式向外和向上；
(d) 快速向上和向下

悉尼歌剧院的屋顶设计,给形态以明显的方向,也许反映了海中船帆的风(参见"相似性"和"节奏")

这条弯弯曲曲的木板人行道，把我们的目光引入画面，并使我们沿着它的方向，以便看看远处的景象。新西兰北岛林中小道

风给这些树造型，因此它们的形态保留了大风的方向记载。美国加利福尼亚州内华达山区

方位

- 方位是位置和方向的组合；
- 方位在字面上的含义是"面向东方"；
- 方位有三种类型：

  按照罗盘的方向；

  相对于地平面；

  相对于观察者。

- 令人迷惑可能是设计的目标，并带着象征意义。

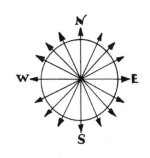

安排要素方向的一个主要方法是按照罗盘的指针

方位是位置和特定方向的组合。它在字面上的含义是"面向东方"。这里指的是罗盘的方向。教堂和清真寺无一例外地都朝着这个方向。

方位有三种基本类型：

- 按照罗盘的方向——不只是朝东，也有其他方向，例如，阳光的方向和角度、一年中特定时间的盛行风的方向、太阳和月亮升起的方向。
- 相对于其他要素，特别是地平面——水平的或是倾斜的。
- 相对于观察者——从一所大房子的阳台上看到的花园轴线，一个潜在的攻击者看到的通向堡垒的角度。

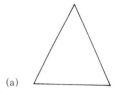
(a)

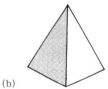
(b)

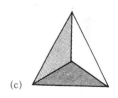
(c)

一个形体与观察者的方位关系：
(a) 面向观察者；
(b) 边缘向着观察者；
(c) 翻倒

宗教建筑的方位通常以特殊方式安排。这是埃及开罗的清真寺，其方位是使参拜者面朝麦加

49

这些斜靠的石头圆圈（属于公元前 3000 年晚期）的方位是由以下的方式确定的：从圆圈中的一点看，月亮的上升和下落与大的水平石头相交，用于标记季节或用于与季节变化相关的宗教仪式。苏格兰阿伯丁郡（Aberdeenshire）达维奥特（Daviot）的伦黑德（Loanhead）

在山地景观中的田园和房屋，方位朝南，这样日照就多，房屋也会更温暖；在春天雪就融化得更早，而且就有更多晒干草的机会。这种模式在极端气候的地形中非常普遍。意大利的多洛米蒂山

　　一个设计可能故意要使观察者迷惑或混淆（如迷宫），通过小路的弯曲和转弯使一个地方显得比实际的情况大。

　　在较广阔的地形中，最重要的方位表现之一就是安排定居点，特别是把农田放在山脉的向阳面。在地形复杂、气候严酷的地方，重要的是获取尽可能多的太阳能优势，结果就可能成为土地使用和定居点的普遍模式，因而决定景观的特征。

尺寸

- 尺寸涉及要素的尺度；
- 极端的情况是：高／矮、大／小、宽／窄、浅／深；
- 尺寸的定义取决于测量系统，可以有多种来源；
- 大、高、深的形状给人印象深刻，用于产生力量感；
- 较小的形状可以因其小而受到尊重；
- 植物和动物的尺寸由于遗传因素或环境因素的影响而受到限制。

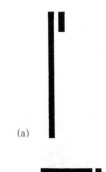

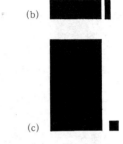

三种不同尺寸的对比：
(a) 长／短；
(b) 宽／窄；
(c) 大／小

尺寸涉及要素或其一部分的尺度。通常的尺寸变化包括高／矮、宽／窄、大／小、深／浅。

尺寸经常被认为是绝对的，但实际上它取决于定义它的测量系统。许多测量系统是从人体部分的尺寸派生出来的，如前臂（腕尺）和拇指的关节（英寸）。例如用于建筑物的单位尺寸可以用手（或一块砖）的尺寸来决定，或者由现有技术能提升的高度来决定。这对建筑物的尺寸有影响。土地的丈量曾经取决于一天能犁多少地（英亩），或者供养一家人（生命或部分生命）所需要的土地数量（部分）它影响田地的尺寸和景观的格局。

大的、高的或深的形状会使我们印象深刻，因为我们用自身的尺寸与之比较（参见"规模"）。它们看上去壮丽、雄伟或者令人敬畏。巨大红杉树的高和粗，摩天大楼的高，哥特式大教堂中殿空间的高，大峡谷的深都是例证。当我们的感知被淹没，即我们被景观的浩瀚无比和形成它的大自然的神奇力量所折服时，我们就获得了称之为"雄伟"的美学体验。因此，美国的大峡谷，不仅以其规模而给人以深刻印象，而且它也具有引发人们的雄伟体验的能力。

大的尺寸也被统治者有意识地用于行使权力，因为它能显示在物质上和心理上的优势。城堡和堡垒的尺寸除了它的真实力量以外，还有威慑进攻者的作用。大型住宅仍然由富人使用并给我们其他人留下强势的印象。

另一方面，小的东西虽然不会给人深刻印象，但仍有其自身的长处。"小即是美"赞美的是不占优势和不笨拙的好处。多个小要素给人的视觉印象不如一个大的要素，例如许多小房子给人的印象就不如一栋高的公寓楼。

美国亚利桑那州的科罗拉多大峡谷是一个例子。有很深的开敞体，令人敬畏、印象深刻而激动人心。站在它的边缘，我们会觉得自身矮小而易受伤害（参见"规模"）

大树给人留下深刻印象，它们的高大形象不仅使我们感到矮小，而且也反映了它们的高龄，是人类寿命的许多倍。美国加利福尼亚州红杉国家公园的金斯峡谷。

这些巨大的大法老拉美西斯的塑像，设计得令人印象深刻，并使普通人感到矮小无足轻重。埃及的阿布·辛拜勒 (Abu Simbel) 神庙

动物和植物的尺寸由自然力量或遗传因素决定。例如，昆虫主要受限于它们的呼吸系统而不能长得更大。树可能因为风吹或腐朽而停止生长。食物或营养缺乏可以阻碍它们达到最大可能的尺寸。

形状（形式）

• 形状是最重要的变量之一；

• 线、面、体都有形状；

• 形状的范围很广，从简单的几何形状到复杂的有机形状；

• 形状的和谐一致对设计的整体性是重要的；

- 自然形状通常是不规则的，但有些自然形状在小规模上是几何形的；
- 植物，特别是树，表现出很多不同的形状和形式；
- 建筑物较常见的是由几何形式组成，但也能见到有机形状的设计；
- 几何的和有机的形式可以混合在一起，产生有趣的效果。

　　形状是最重要的变量之一，在我们以一种格局感知周围环境时有特别强烈的效果。形状涉及线的变化和面、体的边缘的变化（形式是三维的，相当于形状）。这是我们识别要素的主要手段。这是一种强有力的因素，我们只要一条轮廓线就可以认出许多三维形式。换句话说，如果去掉一个物体的所有其他性质，只留下它的基本形状，我们仍然能认出它来。研究人员探究了我们如何感知形状以及大脑如何处理接收到的视觉信息，假定大脑中有专门的细胞在处理信息时"寻找"线和边的视觉要素，将视觉信息的有用部分储存起来。

　　线形可以是直的或曲的，或是许多直线和曲线的组合。它们可以是规则的或不规则的几何形，或者是自然的不规则形。景观中可以发现许多自然的线，很少是直的或几何形的，通常它们是不规则的曲线。这一点很重要，因为形状的和谐一致是设计整体性的一个主要属性。一个不和谐的形状会引起视觉紧张和视觉冲突，如在全是直线的地方冒出一条曲线。这些自然线条的不规则曲线特征是力量作用过程的结果。例如，水的流动自然地形成一种曲折的图案。

一些几何线形的例子

　　平面的形状把多条线的效果组合在一起。其次，在我们对形状进行感应时，几何又具有主要的影响。正规的几何形平面是欧几里得多边形——正方形、三角形、圆形、六边形、菱形。平面也可以表现出不规则的几何形状，或者由规则形状组合而成，或者本身就是不对称的。还可以有更多的变化，如把曲边和直边组合在一起。

　　自然的不规则形状一般是与几何形相对立的。它们通常不很确定，更难于识别并可能类似于有机形，即形状起源于有生命的有机体生长的结果。

　　随着形状复杂性的增加，我们可以看到以不同的规模或者在

这些扭曲的、拱形的、褶皱的岩石地层由于风化侵蚀而露出线条形状。英国多塞特（Dorset）的勒尔沃斯湾（Lulworth Cove）

一条蜿蜒的路通过一片起伏的景观。它的形状与地貌和谐一致，因此不产生紧张的感觉。美国南达科他州

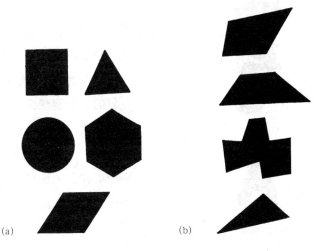

几何平面形状的例子：
　　(a) 规则的；
　　(b) 不规则的

(a)　　　　　　　　(b)

从空中俯视美国内布拉斯加州的几何形很强的耕作格局。方块是按杰斐逊网格（Jeffersonian Grid）分割土地而成，圆圈则是灌溉系统造成的

威尔士黑山（Black Mountains）的几何形种植园。几何形表现在两个层面上：主要林地和沿着上部边缘的城堡形建筑，其中有反差强烈的物种形状。沿着邻近的半自然种植格局望去，这些形状的不和谐特别引人注目

不同的视距下重复出现形状的同一部分。自然形状比具有欧几里得特征的人造图形复杂得多的原因通常是自然界中破碎的几何体和其他原因。

和线一样，平面形状的和谐一致对设计的整体性也很重要。通常形状的一致性或从一种类型到另一种类型的逐步改变是必然的（参见"转化"），当然，除非设计的目标是故意追求形状之间的反差。

形状是非常有力的；我们的眼睛经常试图在景观中察觉形状最细微的迹象。田野中的三棵树足以使人联想到三角形，四棵树则是正方形、菱形或梯形，这是我们的大脑寻求线条和从线条又到形状的结果。

自然形状既不总是不规则的，也不在不同的规模上重复。通常在小比例上表现出令人惊讶的对称性，而当尺寸和规模增大时，不能维持对称性。例如，叶子可能有非常规则的对称形状，但是完整的树由于风、气候、土壤和其他压力的影响可能会有不规则的轮廓。蜂窝的剖面呈现出非凡的互锁六边形的几何品质，但是完整的蜂窝多半是不规则的，以便适应其可利用的空间，如树洞内。

重复的自然形状经常是彼此非常相似，而不完全一样。沙漠上留下的波痕在总体上很相似，但每处都有细微的不同。每一片雪花都是六个点的星，但没有完全相同的形状（参见"相似"）。

平面形状和三维形式的互动可以产生有趣的结果。不规则地形上的规则的、几何形的田地或森林格局可能显得扭曲而使规则性减弱，或者几何形与地形一样显著，造成的不协调会引起视觉

不规则的、有机的和有人形的平面形状

在加拿大不列颠哥伦比亚省一处湖边山坡上的森林。这儿，基本的地形、气候因素和自然变动如山火等作用，形成了一种不同树种极不规则的形状的图形和森林逐渐让步于开阔山地的方式（参见"密度"，"转化"）

爱尔兰西部的康尼马拉（Connemara）景观中不规则的田野。这里没有预先制定的计划而逐渐发生了围合，结果在山坡上产生了多变的格局

混乱（参见"视觉力"，"紧张"）。

　　三维形式与线或面有同样的特性，它们可以是几何的、不规则的、有机的。自然的几何形式是少见的。它们包括矿物晶体、软体动物的螺旋形图案的壳体的生长和一些岩石地貌。北爱尔兰安特里姆郡（Co Antrim）的巨人堤道（Giant's Causeway）是自然几何形的好例证。玄武岩熔化、冷却、收缩、破裂成了六棱柱体由于侵蚀，地形趋向于不规则。这与岩石类型、软硬度、它的地层、褶皱和断层有关。地形的地质年代也能造成形状类别的差异。相对年轻的山脉，如落基山脉、安第斯山脉、阿尔卑斯山脉和喜马拉雅山脉等，与较老的山脉，如阿巴拉契亚山脉

57

（Appalachian）和喀里多尼亚山脉（Caledonian）相比，都显得更大、更强、有更多参差不齐的形式。

树和植物是自然形状的又一个例子。树种之间各有不同（特别是在针叶树和阔叶树之间），不同树龄也不相同。年轻的松树在形式上与老年松树有很大的不同。与此类似，一棵在开阔的环境下生长的树可以形成全冠，看起来完全不同于在森林中生长的树。为获得更多日照而修剪枝干树冠的一些形态特点明显的树种是可以从它们的轮廓加以识别。

北爱尔兰的安特里姆郡的巨形堤道。这种模式或多或少来自几何形六边体，即玄武岩经浸蚀而成的一种不规则地形

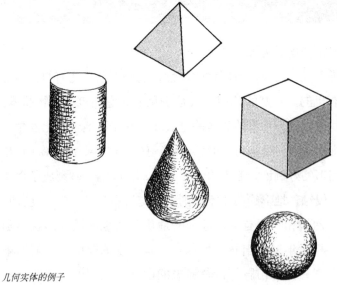

几何实体的例子

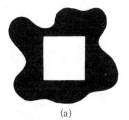

地形可以有完全不同的形状：
　　上：苏格兰萨瑟兰郡 (Sutherland) 的平坦、
圆滑、流畅的地形；
　　下：意大利北部多洛米蒂山 (Dolomites)
凸起的参差不齐的形状，坚硬而不面善

开敞体表现其形式的方式与实体一样。空间的形状可以是几何形的或不规则的，笔直的或弯曲的，反映其平面组成或与之成显明对比。当质体包含空洞时（实体中的一个开敞体），形状可能是不同的，如山体内的山洞或在一片规则林地内的不规则开阔地。相反，内部形式可以反映外部形式，如在许多建筑实例中体现的那样，例如，伦敦的圣保罗大教堂（St. Paul Cathedral）的内部反映着外部的穹顶，尽管实际上内部是假的。

建筑物主要由几何形状——立方体、金字塔、球体或这些形状的部分及其各种组合所组成。一些形状源自它们所用的材料及其限制，例如因纽特人的圆顶小屋由冰建成，而其他建筑是严格按功能要求开发出来的，如发电站的冷却塔、风力涡轮机。一些建筑的设计者有意识地用自然形状来触发他们的灵感（参见“案例研究一”）。有时候所用的材料允许使用自然形状，如凝固前的流态混凝土可以浇筑成很多不同的形状。蒙特利尔奥林匹克体

(a)

(b)

规则和不规则形状的相互作用：
　　(a) 规则形状在不规则形状的内部；
　　(b) 不规则形状在规则形状的内部

加拿大蒙特利尔奥林匹克公园一个体育馆的壳形屋顶。它有一个有机的、甲壳类动物的外表，用薄的钢筋混凝土建成。肋拱和屋顶光线使它相似于无脊椎动物的形式

育馆的壳形屋顶有甲壳虫似的外表，结构上是一层薄的硬壳，就像甲虫的外壳。西班牙建筑师安东尼·高迪（Antonio Gaudi）的建筑尽管用石头和砖建成，也因为弯曲和强烈的有机形状而具有某种流动性质。将有反差的形状并列在一起可以产生有趣的结果。规则的长方形铺路单元可以铺设成曲线的区域，以强调从正式的房屋设计到非正式的花园之间的变化。

间隔

- 要素间的间隔是设计的必要部分；
- 间隔可以是均等的或变动的，规则的或不规则的；
- 混合间隔的复杂图形发生在规模有变动的场合；
- 间隔可以生成有条理的或无条理的图形；
- 间隔在设计中是有用的变量；
- 在许多村镇和城市的布局中可见规则的间隔；
- 建筑物经常以间隔均等的网格来设计和建造。

要素之间以及要素组成部分之间的间距是设计整体的必要部分。实际上它们的重要性如同要素本身。

间隔可以是均等的或变化的。一个均等的间隔创造一种稳定、规则和拘谨的感觉。变动的间隔可以是随机派生出来的，也可以是根据某种规则生成的，如数学数列。还可以有更复杂的图案。要素被小的间隔分开，而成组的要素又被更大的间隔分开。

间隔因其用于正式和非正式场合而成为有用的变量。小树以相等的间距种植成笔直的行列，而行列之间又有相等的距离，与随机分散种植的同类树相比，这种有规则的安排产生一种强烈的人造印象。高龄林地的特征之一是树木的间距变化很大。随着种植成排的小树的成长和日益稀疏，可变性也增长了。

在英国18和19世纪圈地运动时沿篱笆种植的树可能有均等的间隔。随着时间以及死亡、腐朽和暴风雨引起的损失，树木的间隔就不太有规则了、更稀少了、更随便了。

规则的间隔经常出现在建成区的布局中。在芝加哥这样按照"杰斐逊网格"（在美国极为普遍）建设的大城市中，覆盖大面积的标准街区间隔和街区内的大片空地创造出显著的规则性。从空中看，这样的布置似乎是不可更改的（参见"连续性"）。英国的老工业城市有大面积的呈阶梯形的房子，都以同样的方式排列，有标准的间隔。有很多近期的住房，其外观上的乏味，部分是由于其近乎标准的房子间隔（在土地拥有者和地形许可的范围内标准划一）。

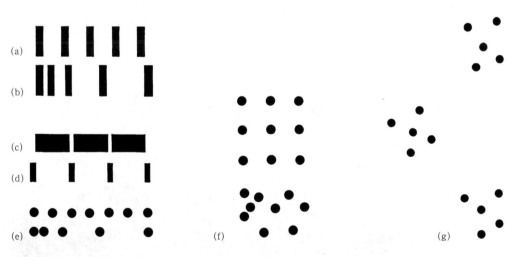

间隔可以用不同的方式表达：
(a) 要素以相等的间距隔开；
(b) 不规则的间隔；
(c) 要素大而间距小；
(d) 要素小而间距大；
(e) 在一个方向上表示的间隔；
(f) 在两个方向上表示的间隔；
(g) 要素之间是小的间隔，而成组要素之间是大的间隔

在法国的一个小种植园里，树都以相同间隔栽
种着。树的尺寸规则性配合间隔的规则性，因
而产生某些形式效果

在瑞典一处森林的完全砍伐过的场地上保留下来
的树。尽管全区密度相对均匀，但其形式不太规
则，因而形成一种不太正式但更自然的外观

三条"带状防护林"的砍伐是为了再生森林。它们以规则的间隔跨越奥地利的山坡。随着时间的推移，沿着现有的砍伐带会出现新的砍伐带，这种图案会沿着山坡面前进，产生带状的效果。当这个带状效果沿山体向上或向下垂直发展时，会引起图案和自然地形（或森林格局）之间的视觉紧张（参见"视觉力"，"张力"）

　　很多建筑，无论是古典的还是现代的，都依赖按特定间隔设置的网格来决定它的形式、结构和规模。多立克式神庙的柱距、帕拉第奥（圆厅）别墅的立面、巴黎蓬皮杜中心的建筑布局以及无数的办公室街区都是这种做法的例子。

　　处理设备安装如风力涡轮机时，间隔是布局可能发生差异的几种方法之一，因为使用了一种标准要素。不规则的间隔可能产生一种更松散的外观，在某些环境中更合适，相比之下，规则的风格外表上可能显得最适合于这一结构的特性。

芝加哥郊区的城市布局取决于在土地单元和道路布局之间的大体相等的间距。它基于杰弗逊网格，但后来被增加的高速路或湖的边缘切断了。这种形式延伸很多英里，其间距一再重复（参见"连续性"）

纹理

- 纹理与间距相关；
- 纹理取决于要素的规模和它们的间距；
- 纹理是相对的，从细致到粗糙；
- 从不同的距离看，纹理是变化的，因为不同的纹理可以同时存在；
- 植物，无论是它们的组成部分还是整个外观，都有不同的纹理；
- 土地利用模式显示出各种纹理；
- 在一定的观察距离下看建成区也可以见到纹理。

纹理与间隔关系密切,纹理指的是要素间的视觉和触觉效果,它是宽广得多的模式中的一部分,经常是在较小的规模上。纹理取决于要素相对于间隔的尺寸。所有的纹理都是相对的。它们取决于观察者离开物体的距离。随着距离的变化,纹理会极大的改变。近看时的纹理经常成为远看时更宽纹理的一部分。

纹理的范围从细到粗,小的要素在短的间隔时的纹理就细,而大的要素在较宽的间隔时的纹理就粗。许多设计和景观由平面组成,其表面显示不同的纹理。它们互相间会有反差,产生有趣的多样性。如果与不同平面的功能相关联,如屋顶／墙体、大道／小径、田地／森林／荒野,这种多样性会更加富有意味。

建筑物通常在屋顶和墙体、窗户和实体墙以及各种材料(如砖／石头／木板)之间表现出不同的纹理。纹理的层次是很明显的,从基础材料开始一直到整个建筑物的规模。例如,砖有多种纹理:光滑、粗糙、柔软、坚硬、机器抛光或人工制作。砖砌成的图案与砖的尺寸和砂浆的厚度一起也产生一种纹理。凹陷的接缝产生阴影线,与满溢的接缝有不同的效果。无论墙面是平的还是有凹陷或突出的部分,都会改变远处看到的纹理。窗户的格局也有这种效果。在较远处观察会发现墙是大得多的纹理中的一段,或者是大建筑物或建筑群中的一部分。

植物的纹理是从尺寸、形状和枝、叶、花的间隔中衍生出来的。每片叶子可以有其自身的纹理。它经常是可触摸的或是视觉

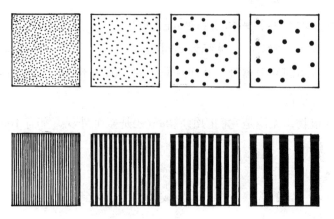

在每个例子中,随着要素的尺寸及其间距的增加,纹理的等级由细到粗

在美国弗吉尼亚州的蓝岭公园道（Blue Ridge Parkway）上的小房子显示出几种纹理，都是从材料及其固有的纹理和它们的使用方法中衍生出来的。墙体的上部是宽间距的粗木头，有最粗的纹理，右侧的块石墙的粗糙度要低一些。左侧墙的粗糙度最低，因为石头更紧密地垫在一起，显得较小。院子里的砾石是最细的

这个植物园地位于英国格洛斯特郡（Glo-ucestershire）的希德考特庄园（Hidcote Manor）。它表现出各种纹理，由树叶和树枝的尺寸和间隔组成。树叶上还有叶脉形成的纹理

树以其枝叶特性展现不同的纹理：

　左：山毛榉有光滑的树皮、细密排列的小树叶和纤细的枝条，在整体上产生一种精细的纹理；

　右：与之相对照，马栗树有粗糙的树皮、大而粗的树叶和粗犷的枝条，在整体上产生一种粗糙的纹理

上的。由于裂缝或剥落，树干上的树皮也有独特的纹理。植物各部分的安排可以组合在一起产生总的纹理。因此，在设计中把各种纹理的植物混合在一起可以是非常有效的。

树与其他植物一样显示出纹理，但是在较大的尺度上。树枝的尺寸及分权习性产生特殊的纹理。在冬天，阔叶脱落时，这种纹理显示得特别清楚。在夏天，叶子也构成纹理。例如，马栗树有粗犷的分权习性，粗糙而有裂纹的树皮，有宽间隔的大而粗糙的树叶，产生一种整体的粗糙纹理。与之成对比的是，山毛榉有细的更精致的枝权、光滑的树皮、紧密排列的小而光滑的树叶，产生一种细的纹理。

针叶树与阔叶树相比，通常有较规则的枝权格局，因此有非常独特的纹理。许多针叶树十分僵硬，轮生的树枝相隔宽而有规则的间距，还有粗糙的针叶。冷杉和云杉都是这类例子。与之形成对照的是柏树，它有由较小的树叶形成的紧密树冠和非常细的纹理。松树介于两者之间。

总体而言，不同的树表现出极为不同的纹理，特别是在针叶树和阔叶树之间、在不同的树龄之间以及在不同的树种之间，差别更明显。间距较小的年轻树与间距大的老年树相比，纹理要细。距离也起作用。远处看森林会觉得细一点，而近看则要粗一些。在一定的距离下，森林中的空地（开阔地或砍伐区）

也成为纹理的一部分。在主要由常青针叶树组成的景观中，如北寒带森林或泰加林，不同的树龄和开阔空间是提供景观结构和差异的因素。

耕作景观表现出耕作方式中的纹理，包括不同的田地、谷物和收割方法。犁地生成相当粗糙的纹理，而在耙地松土后，纹理变得细一点。联合收割机在其身后留下一行行的麦秸，造成比原先犁地后还要粗的纹理。更粗的纹理是由田地和树篱等围合物生成。在英国，由于树篱被拆掉而田地的规模增大，许多耕作景观的纹理在过去 20 年内变得粗犷了（参见"多样性"）。在世界的其他地方，不同的谷物形成各种各样的纹理。在美国有些地方，干式耕作产生设计好的图案，以防止土壤侵蚀。在种茶区，茶树不断被采摘而导致大片独特的光滑纹理。在东非的菠萝麻种植园，因为这种植物长而尖的特点，而有着独特的纹理。

有些纹理出现在某些地方的景观中。在德国摩泽尔河向阳面的葡萄藤，产生一种背阳面不长葡萄藤而没有的纹理（参见"方位"）。在山区，立面效果在纹理上产生渐变，就如低海拔到高海拔的植被变化一样，也许像从稠密的森林经低矮的森林到低地植被（参见"转化"）。

在英格兰德文郡(Devon)的例子中，纹理的变化很大。前景有草地的细纹理、针叶林的中纹理和阔叶林的粗纹理，互相形成反差。中距离处个别田野的纹理是细的，田块围合的格局表现着自身。背景则是景观的纹理，突出田野、树篱、树林的宽纹理。如果去掉一些要素，如树篱，总的纹理会变得更粗

在这个肯尼亚种植园的菠萝麻植物，紧紧地挤在一起，大小一致，因此纹理在大片地区连绵不断，唯一的差异是进出道路和猴面包树

这是从高处看威尼斯的画面。相似形式的建筑物重复出现，间隔很窄，制造了贯穿城市区域的纹理。在这样的背景上升起了更大更突出的结构（参见"形体和地面"）

　　从较大的规模上或从远距离看，还有不同土地用途产生的在纹理上的差异，如农田和荒野、围合的牧场和经过设计的园林。这些格局有功能上和视觉上的关系。

　　登高远望一座城市，它的纹理随建筑物的密度而变化。有相似屋顶材料的相同尺寸的房子，在较老的、密度较高的布置时有比较细的纹理，而大建筑物在密度较低的区域有较粗的纹理。

密度

- 密度与间隔和纹理有关；
- 通常，在各种土地使用类型和植物类型之间的过渡地带，密度是分级的；
- 在城市景观中，密度的分布与功能有关。

密度与间隔和纹理有关。它指的是在给定的区域内（如一个平面的表面）一个要素的数量。在整个格局中密度是可以变化的。较高密度的区域有较重的视觉分量。这方面的例子有成簇的点或带色调的阴影。

纹理密度的变化常见于两种类型的交接处。在林地让位于开阔地的地方，树的密度逐渐减小，从密实的覆盖到留有一些空隙的基本密实的覆盖，然后补丁状的覆盖越来越多，直到只留孤独树木的几乎完全开放的开阔地，最后是一棵树都没有了。这样的分级通常不是规则的，是随当地的条件（如土壤、掩蔽所）而变的，并且可以从不同的距离看到这种情况是重复出现的。

在土地使用的格局中，可以看到更大规模的密度梯度。小的精心耕作的田地有精细的纹理，较大规模的土地则有粗糙的植被，再到开阔的荒野，这种变化产生一种格局，既与景观的规模有关，又与农业实践有关（参见"转化"）。

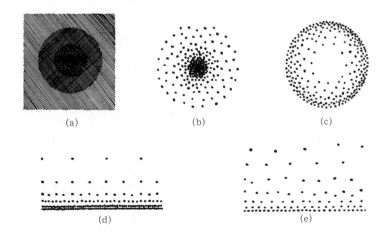

(a)　(b)　(c)

(d)　(e)

一些密度图案的例子：
(a) 越靠近图的中心，线的间隔越小，密度就越高；
(b) 随着间隔向着中心减小，这个图案在中心处更密了；
(c) 而这个图案的密度是向着边缘增大的；
(d) 密度可以有规则地减小；
(e) 或者以不规则的方式减小

在靠近不列颠哥伦比亚省的坎姆卢普斯
(Kamloops) 的牧场景观中，植被的格局表现
出与当地地形有关的明显的密度梯度：在较潮
湿的山谷密度较高，而在干旱的山脊和小山包
上则较稀少

在这种景观中的植被模式展示出不同的密度，
尤其是在同类边缘上，它变成了另一类。
日本北海道大雪山 (Mt Daisatsuzan) 国家公园

在半干旱地区可以见到另一种密度梯度。植被较集中地生
长在环境潮湿的谷底，而在干旱的小山包地区则较稀少。这样
的梯度不总是静态的。它们可能随着气候而改变。如在森林和
沼泽地的边缘，雨季沼泽地会向前推进和增长而森林减少；旱
季则相反，森林蔓延到沼泽地上，开阔的水域也可能以不同的
密度出现。

城市地区经常表现出惊人的密度变化。大城市通常有一个中心
区集中着较密的高层楼群，从这些节点向外，从商务区转向居住区，
城市的构造密度逐渐减少。在最大的有卫星城的大城市中，会有数
个这样的高密度节点，由连续的密度较低的建筑物区连接起来。

作为一种设计工具，密度是处理纹理变化的好方法，如果希

加拿大艾伯塔省（Alberta）的卡尔加里（Calgary）是一座城市。它的城市发展表现出强烈的密度梯度，从城中心有高层建筑群的主要商务区到密度较低的郊区的递变。还有一些离开中心更远的核心，代表邻近的中心

望渐变而不是突变。在自然界这种梯度是正常的，并且可以由设计来仿效。如果希望新建筑的开发能适应已有的格局并能融合在总的纹理中，密度还是有用的。

颜色

- 有几种组织和描述颜色的方法；
- 色圈可以显示不同颜色之间的关系，是一种好的排列；
- 颜色可以进一步用色相、色度和色品（饱和度）来描述，常用的例子有孟塞尔（Munsell）系统；
- 某些颜色还可以描述为暖或冷、前进或后退，而蓝色是与距离联系在一起的；

- 深的颜色似乎比浅的颜色占据更少的空间，并似乎更重；
- 景观倾向于与有限的特定颜色相结合，以便赋予当地的识别标记；
- 景观中见到的颜色可以用于建造调色板，为人造结构着色；
- 可以用浅淡的天空色调使大的建筑在视觉上脱离地面。

颜色是与面和体的表面有关的最重要的变量之一，受到专家们的高度重视。颜色的物理和光学性质也得到了充分的研究，并在牛顿发现棱镜和确定可见光谱后一直进行着深入的探索。在视觉设计中，重要的是要懂得如何描述颜色，它的特征是什么以及会发生或创建的一些效果。

颜色基本上可以组织为三类：原色、间色和第三色系。就有色光而言，有三种原色：红、绿和蓝。当它们成对结合时生成间色，而所有三种原色混合在一起时就成纯白色。

颜料的原色是不同的。它们是洋红色、蓝绿色。任何两种的混合生成间色，任何两种间色的混合得到第三色系。

众所周知，彩虹色谱是白色光通过棱镜折射分离而生成的。它是所有颜色排列的基础。通常都用色圈，因为光谱两端的颜色在视觉上是紧密相关的，可以对色圈进行分析以确定颜色间的各种关系（彩色插图1）。

在色圈中互相紧挨着的颜色称作"相似"色。它们是互相调和的，因为它们的波长是相似的。它们也往往是色谱中的"暖"或"冷"的部分，从而引起情感上的反应（见下文）。

在色圈中互相对立的颜色是调和的，称作"互补"色。通常，这些是成对的暖色和冷色，产生视觉上平衡的效果。一项简单的互补色试验是：把目光注视到有强烈色彩（如亮绿色）的物体几秒钟，然后突然移开目光去看白的表面，这时会短暂地出现红色或粉红色的物体"留影"。把分开的互补色混合在一起时也有调和的效果。把一种颜色与互补色的两种相邻颜色相对比可以创造更精细的和谐效果。

在自然界，相似颜色安排在一起是常见的，如日落时的红色、橙色和黄色以及秋叶的橙色、黄色和棕色。相似的颜色经常从一个渐变到另一个，譬如说，花瓣尖端处的蓝色渐变到中心处的深紫色。在花中还可以见到互补的和谐协调，如紫罗兰色的花常有黄色的花蕊。另外一些表现互补关系的例子有：深蓝的天空有落日的橙色光芒，蓝绿色针叶树背景下的橙红色秋叶，翠鸟羽毛上的橙色和蓝色。

三色组是三种颜色的和谐协调。三种原色，三种间色或两组中间色都在色圈中相隔 30°。

当几种颜色混合在一起，而它们在色圈中不处于直接对立的位置，或者至少有一部分邻近的颜色被移去时，问题就发生了。它们会发生冲突。偏离和谐的程度越高，出现的不协调感就越强。

在不同色光下看到的颜色组合可能产生复杂的效果。当夕阳的玫瑰色光芒用同样的光线洗涤所有的表面，消除不协调的效果时，可以产生进一步和谐的效果。

除了上述基本色圈以外，颜色还可以用多种方法进行排列。已经开发出一些系统，但用得最多的是色相、色度、色品（饱和度）的三向组织法。无论按哪种方法，颜色都可以变化，这种变化几乎是无限的，但人的眼睛只能区别几千种。

一种通常使用的排列以孟塞尔系统［取名自 1915 年的开发者阿尔弗雷德·孟塞尔（Alfred Munsell）］为基础。它按光谱垂直安排不同的颜色（色相），然后每一种色相通过一系列的步骤又从浅到深（色度）分成各种等级。饱和度或色品指的是颜色的强度（或倒过来指颜色中的灰度），它在每批色相和浓淡中分成很多强度等级。每一种变化都被赋予一个值（色相、饱和组和浓淡值），这样就能精确地规定几百种颜色中的任何一种（彩色插图 2）。

用其他的变量可以达到颜色的平衡。一种方法是把颜色按色彩、色调、明暗分离开。把纯色（完全饱和的颜色）与白色相混可生成不同的色调，与黑色相混可生成不同的明暗，与灰色相混可生成不同的浓淡（整体呈现出三角形排列）。当浅的颜色与较深的颜色（而不是纯色）排在一起时，排列效果最好。这一点可以用于把一种和谐的形式引入颜色配置中（彩色插图 3）。这种原则的著名应用是"着重色"，即在一个细节上用一个小的亮色（高度饱和）来平衡和对照大得多的面积上的较深或不太饱和的颜色。

　　颜色有很多属性。一些属性产生物理上或视觉上的感受，另一些则是情绪上的。红／橙／黄范围内的颜色称作前进性颜色，因为它们似乎很突出，在向观察者走来，而蓝／绿范围内的颜色显得在退却。发生这种情况的原因是：红色或黄色光与蓝色或绿色光相比在大气中较少散射。在红色或橙色的物体上可以看到这种结果，如在绿色占支配地位的背景中的一朵花或小的建筑物，或这朵花与蓝色物体在一起。红色或橙色的东西看上去很突出，显得与观察者较近。带前进性颜色的任何东西与退却性颜色相比更为突出（彩色插图 4），因此标记常用这种颜色。

　　颜色还可以进一步描述为"暖"或"冷"。差别又在与温暖相结合的橙色和红色（红色光）和与寒冷相结合的蓝色（冰雪和月光下的阴影）之间。它对我们有心理作用。例如，如果我们在酷热的一天进入灰蓝色的房间，我们会立刻感到凉快一点，即使温度与户外差不多。

　　在称作空气透视的现象中，蓝色还与距离有关。由于大气中灰尘和湿气的影响，景观中远的部分在颜色上显得越来越蓝，直到它们融入天空。美国弗吉尼亚州的蓝岭山脉（Blue Ridge Mountains）和美国北卡罗来纳州与田纳西州的大雾山（Great Smoky Mountains）是这种现象的经典实例（彩色插图 5）。

　　浅色和深色所占据的空间显得也不同。浅色，特别是白色，似乎更开展。任何浅色的质体，如大建筑物的屋顶，显得比深色的同样屋顶更大一些。这种效果由于屋顶比墙有更高的反射性而夸大了。这种效果也可以用于减小景观中大物体的外观质量或尺寸，如为大的建筑物涂上更深的颜色。

　　有些颜色似乎比其他颜色更重或更轻。较暗的绿色和棕色与较灰的和较蓝的颜色相比似乎更重一些。暗的屋顶可以使建筑物显得更稳固地站在地上，而浅色屋顶会显得飘浮。这种作用还取决于颜色的浓淡（亮和暗）与天空颜色的关系（彩色插图 6）。

　　颜色混合后可以一起反应，产生的结果不同于其组成部分。小面积的不同颜色看上去可以像光线一样混合，形成其他的颜色。部分原因是：每种颜色的互补留影几乎同时出现，帮助它们混合成比原色更均匀的色调。这种效果已经被印象派的画家所采用，特别是修拉（Seurat）这样的点画派画家。远眺满是花的草原，各色花的混合能产生更柔和的效果。

在景观中可以找到非常多的颜色，或者是自然发生的，或者是人造的。但是在任何一个地方只能找到少量的颜色。由于岩石类型、土壤、植被和当地建筑材料的综合结果，地区间在颜色上的差异是很大的。

在一些地方，岩石类型和从中衍生出来的土壤对一个地区的总体色调有特别重要的作用。苏格兰德文郡（Devon）或东洛锡安（East Lothian）地区古老的红色砂岩（Old Red sandstone）已经衍生出盖房子用的深红棕色的土和石头，它们似乎是从地里长出来的（彩色插图 7）。蓝色板岩区（如北威尔士）的特征是，露出地面的岩石、建筑物和许多其他物体（篱笆、墓石等）都是同样的紫灰色石头。鲕粒石灰岩地区［如英国科茨沃尔德（Cotswolds）山］的特征是，建筑物和场地上的墙都采用同样的蜂蜜色石头。

在石头不太丰富而使用木材的地方，多半是风化木头的颜色，一种灰白色，或者是某种油漆或褪色的表面。某些颜色组合在特定的地区是特别受喜爱的。安装外墙板在英国东南部很普遍。去美国定居的人把它带到了美国。在美国的新英格兰地区，特别是在弗吉尼亚州，它至今仍被广泛使用，并有多种传统的油漆颜色。在俄罗斯，传统上村子都是木料建起来的，而房屋以各种传统色彩被粉刷（彩色插图 8）。在瑞典，传统上使用源自法伦（Falun）矿山的以红铜为基础的颜料，显示出整个乡村的特征。

在光照强烈的国家，颜色通常更亮。在巴西的一些城镇，在传统上都涂非常亮的油漆，几乎是炫丽的颜色。为了使它们能与强烈的阳光相竞争，这是必需的。在希腊，刷白的村舍经常用有强烈色彩的门和百叶窗来装饰，特别是蓝色，以便补偿白墙的强反射。在意大利靠近威尼斯的布拉诺，也以色彩著称（彩色插图 9）。不仅在炎热的国家，可以使用明亮的色彩，就是在深暗色和低光照的地区，明亮的色彩也可以使景观有生气。冰岛的首都雷克雅未克就以其使用红、蓝屋顶而闻名，从而降低了到处是灰色的枯燥单调感（彩色插图 10）。

在自然界，很少见到大量强烈的高度饱和的颜色。通常它们属于单个的花，而更常见的是更暗淡的颜色，特别是绿色。在热带更容易找到强烈的色彩，而在高纬度地区颜色要柔和得多。现在已经能集中见到一些耕作培育出来的谷物的强烈色彩，而在自然界通常是见不到的。在每年的特定季节，油菜、亚麻子、葵花、郁金香或玫瑰花可以展现一片片的颜色（彩色插图11）。

森林在颜色方面相当柔和，除了在秋天树叶落下时，能产生红色和橙色的光辉。美国佛蒙特州和其他新英格兰地区的州以及加拿大东部是以此闻名的。冬天的颜色要褪色得多，部分原因是较小的阳光照射角和较低的光照强度。

色彩运用可以成为设计中特具创意的部分。特种用途的色彩配置可以综合考虑，既可以参照上述和谐协调的基本规则进行，也可以通过考查识别某一独特景观或地区而发现的色彩进行或者两者结合起来考虑。

在花园设计中，植物可以用上述任何方法布置以求和谐。格特鲁德·杰基尔（Gertrude Jekyll）的著名绿草边界是颜色组合的杰作。很多现代植物已经培育成更亮的非同寻常的颜色。它们比不太强烈和生动的老品种更难于调和。主导性色彩的使用也有助于颜色的和谐。银色和灰色叶子的树能提供一种背景以配置更多的花的颜色。使用单色花会把注意力吸引到叶子的形状和纹理。

景观中的建筑物，特别是大型建筑物，可以用多种方法进行处理。对于那些与本地建筑物相比尺寸较大的建筑物，通过当地材料的取样可以仔细选择材料和所用的颜色，使新建筑物能与老的相协调。重要的是确定相应的颜色饱和度、浓淡度。为此要用单色图，它没有色彩，从而可以集中注意力到明暗的格局。经常发生的情况却是所选的色饱和度和浓淡度的差别不够，比周围环境中存在的差别小。

对于大型建筑物，可以使用同样的方法。但是如果希望减小外观上的体积感，屋顶的颜色需要比墙更暗，强烈、鲜明的颜色应限于强调门窗等要素。这是处理大型工厂和农场建筑的常用方法。对于农场建筑，颜色的选择可能取决于当地景观中能找到的颜色范围，而城市中的工厂建筑可以用更抽象的方式处理（彩色插图12)。伪装是最极端的方法，把一个大物体与其周围混为一体，通常是用颜色分解其形式和质体。

巨型建筑（如电站）因为太大而不能与周围环境混为一体。暗色会强调其轮廓而不是减小其体积感。因此颜色被用来简化形式，把大的建筑物分解为较小的部分。形式，特别是上部的形式，可以通过选择天空或云彩的颜色而淡化（彩色插图 13）。这种技术似乎要使建筑物脱离地面（与其他方法相反），并把质体弥散到天空中，用灰白的颜色增加其外观的亮度。另一种技术类似于伪装，试图把形式分解成中间规模的抽象形象而不一定要将它与周围环境混合。

有着转动部件的风力涡轮机，可能难以处理，如果把它们的主要轮廓朝向天空，那么使用淡灰色往往大部分时间都合适。但如果对照地面看它们，这就突出了它们的可见度。较暗的颜色，如深蓝色或紫色，创造出一种更为阴影般的虚幻感，从而降低其影响。保护色只不过使其在近距离中显得暗淡而无吸引力而已。

时间

- 所有的物体或景观随时间而改变；
- 时间是以自然周期、宇宙和我们的生命来标记的；
- 时间可以记录为周期性的或者累进性的；
- 变化发生在可变的时间间隔内；
- 季节是分割时间的较重要的方法之一；
- 人、动物和植物的生命跨度是时间的其他记录方法；
- 时间还与运动和移动着的观察者的位置有关。

我们已经就其静态的物理属性考察了基本要素。所有的真实物体都随时间（第四维）变化。我们经常按自然世界、宇宙的各种韵律和与我们自己生命跨度的关系来评判在时间上的变化率。

时间可以记录为周期性的，例如一季接一季，一年复一年，或者可预知的昼夜更迭等的连续性。时间也是演进的，就如它无可阻挡地从过去、现在到将来，这一点可以纪录在景观中，如诞生、成长、衰落和死亡，也许和生命循环轮回再生有关。因此循环的大自然就在这种线性演进中运作。时间也和运动有关，如速度或速率。

时间可以根据月亮的盈亏通过视觉记录下来

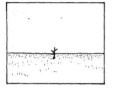 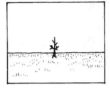   

时间也按生长和衰败来测量

　　在景观中，一些最小或最快速的变化是天气，特别是海洋性气候。这对我们如何感知一个特定的景象有很大的影响。飞过天空的云彩引起连续的光照上的改变。突然的微风吹过后又停息，造成树的短暂运动，在草地上形成流动的波纹，把湖上平静的表面转为小的风暴。

　　一天从黎明到中午，到黄昏，一直到夜晚的变化所伴随的是不同的光照、我们自己的活动和休息的方式以及其他动物在不同的时间所进行的活动和休息（彩色插图 14）。每日的潮涨潮落改变着海岸的景观（彩色插图 15）。

　　还有月盈月亏所伴随的每月的变化。天气可能改变，我们可能以不同的活动或睡眠节奏做出回应，每一个月给正在成长的植物带来微小的进展，可能与主要的季节区分相比不太明显。传统上，月份也被认为具有气候、植物生长或农业活动的不同特点，它标志时间的推移，但这种和自然循环的关系，在城市化了的世界里大大地消失了。

　　季节变化的节奏比较慢。植物的生长、落叶树的外观和天气的变化都有季节周期的特征（彩色插图 16）。这一点在高纬度地区更加显著。如在冻土地带，夏天很短，但白天很长，生长和繁育被压缩在短短几周的长日内。在低纬度地区，季节分为雨季或旱季或季风期。在赤道地区，生长可以连续整年不减弱。季节还以鸟类、鱼类和动物的迁徙以及植物的生长、开花和结果作为标记。这些都是人类所知的最重要的周期。喜庆节日和宗教礼仪总是与季节密切相关，特别是预兆春天来临和夏至、冬至的节气。

生命周期是时间的重要标记。很多昆虫只有几周的生命周期。小哺乳动物在夏天繁殖，但到冬天和下一个春天就会死去。另一方面，乌龟和大象能比人活得更长，而树已知能活几百年甚至几千年。这种长寿性对我们可能有很深的意义。已知活过几代人的古老的橡树或巨大的红杉树提出了永久和稳定的意义。这样一棵树在暴风雨中受到损失，或者遭到砍伐都是非常令人痛心的事件。

树和森林可以存在长得多的时间，即使树本身可能被更换过多次。原始森林的残迹可能有神秘的品质，它们从冰川期就已存在，对热带森林来说可能更长久（参见"连续"）。

时间也记录在人类遗迹和人造物品的积累中。包含很多世纪遗迹的景观给我们提供在那个地方人类活动的记录（参见"地方特色"）。在英国，直到今天一个地区还可能有新石器时代的长形古墓、接近青铜时代的圆形古墓、古罗马－不列颠遗迹、盎格鲁－撒克逊教堂、诺曼城堡等等。而在世界的其他地方（如近东和美索不达米亚），城镇和乡村可能还在山坡上，在8000年前定居后所积聚的遗迹上。

当我们看一个景观时，我们是在看不断在物质上和视觉上改变的东西。因此必须在设计上考虑生长和衰败的作用，不仅是在涉及植物和其他生物的地方，而且在建筑和城镇设计中也一样。一项设计表现出属于一个地方，如果它尊重并吸取在景观中所记录的历史（参见"地方特色"）。

至今我们涉及了变化中的景观和静态的观察者。但是，时间还表明运动和运动中的速度。景观经常是从移动位置进行观察的，如汽车、火车、飞机或者在景观中步行。不同的速度影响我们的感受。快速时眼睛不能记下离观察者近的细节，只能取较大的图像并聚焦于景观的远处。景观随运动速度而变化的程度也会引起差异。在英国，驱车一天能体验到很多类型的景观；在美国，特别是在一些平原州，驱车一天很难见到景观的类型有任何变化（参见"多样性"）。

光线

- 我们需要光线以便感知环境；
- 光线可以是自然的，或者是人造的；
- 光线的量、质和方向是重要的；
- 自然光线包含所有的可见波长；
- 光线可以是漫射的，或者是直射的；
- 颜色取决于光线；
- 光线的质量包括光线的强度和大气的清晰度，它是一个重要的变量；
- 光照的方向是另一个变量，可以是侧光、背光、迎光或顶光；
- 人造光线是可以完全控制的，可以达到所希望的效果。

我们不能看到我们的环境，除非用自然方法或人工方法照亮。因为我们的双眼是通过接收从物体反射出来的光线而起作用的。光线的量、质和方向对我们感知形状、形式、纹理和颜色有主要的作用。

自然光（通常是日光，但也包括由日光反射产生的月光）包含完整的可见波长范围。环境光线指的是弥漫于户外的一般光线，即使是在太阳被乌云遮蔽的阴暗日子里。它不投射影子，相当浅

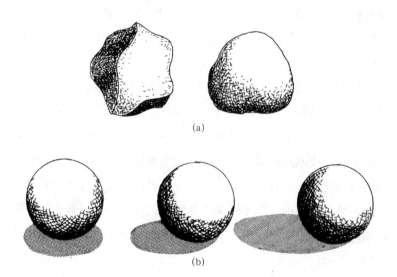

(a)

(a) 光线给物体以三维形式；
(b) 光线的角度使影子落在不同的地方并把物体的不同部分投入影子中

(b)

淡和均匀。太阳的直射光线或人造光源通常更亮并且投射出影子，从而给出三维物体的形式。

真正的颜色依赖于自然的、未经过滤的光线。经过过滤并去掉光谱中一种或多种可见成分的光线会产生另一种颜色。任何人造光线都是这样的，除非它要反映自然光线的组成。任何地点的光线量取决于一年中的时间、云层厚度、一天中的时间和一个物体所投射的阴影程度。

光线的质量随很多因素而变化。在高纬度地区，太阳角度较低，光线不像低纬度地区那样强烈，那里太阳或多或少是顶在头上的。在多云的情况下，光线的强度减弱并扩散开来，反射减少，光线变得比较柔和。在云层下的大气湿度也会引起光的扩散。它会在高纬度地区，特别是在沿海地区，如苏格兰西部、爱尔兰、不列颠哥伦比亚省、斯堪的纳维亚或新西兰，产生特别的效果，光线似乎特别明亮和干净。

一些地区的烟雾也会显著减小清晰度、增加扩散度。因此，在没有云和干燥的气候中，光线显得刺目，冲淡了色彩（实际上是强光对视网膜的作用），并生成强烈的边界清楚的阴影。从表面反射回来的眩光使眼睛注视浅色物体时感到难受。在这种情况下，我们看阴影时好像有独特的蓝色。

在特定区域（如房子）使用的颜色经常与光线的质量有关。在苏格兰和爱尔兰等光线较柔和的地方，静默的色调更为恰当，而强烈的明亮颜色适合地中海沿岸或西班牙、希腊、巴西或印度等热带地区（参见"颜色"）。

光照的方向是影响我们如何看景观的另一个重要变量。

在侧光条件下，景色从观察者位置的一侧照亮。投射的阴影显示出任何地形的三维地貌（彩色插图17）。照亮的地区显示出表面的细节。朝东或朝西的表面，如山坡，总是在一天的特定时间被侧光照亮。有些地形在侧照的条件下能特别有效地显示出来。

当一个景观处于逆光时，观察者朝着阳光看，因此看的是地形或物体的阴面（彩色插图18）。当朝一处光源看去时，眼睛通过减少视网膜接收的光量而得以调剂，这使得物体的阴影更深。由于天空和阴影中陆地的反差增加，天际线突出出来。表面细节减少了。在高纬度地区，冬天的日光照射角低，在一些山坡上造

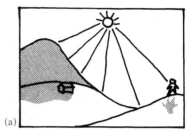
(a)

(b)

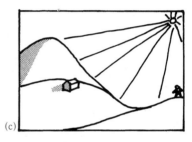
(c)

光照方向：
(a) 侧光；
(b) 逆光；
(c) 迎光

成逆光的条件，这些山坡在整个冬季会持续地处于阴影之中，从而看起来阴沉而压抑。在这种情况下，在布置建筑物时，为了避免整个冬季的持久阴影，必须检查阴影线。在阴影的山坡上以及在屋后种植树木会增大阴影，因为树木会生长并在冬天突出阴森的感觉。相反，在低纬度地区，逆光和背阴的山坡比较凉快，因此是首选的居住地以避免太阳最强烈的作用。在北半球朝北的坡地上一天大部分都是逆光。

当太阳在观察者背后时出现迎光条件。由于减小了阴影，地形显得平坦了，但由于有更强的照明，表面细节突出出来（彩色插图 19）。一些景观，如北半球朝南的山坡，在中午前后的大部分时间内都是迎光的，太阳在天空的最高点。

当太阳非常高地悬在空中，如在低纬度地区，靠近赤道的景色会是顶光的。物体在它们的下面投射阴影，而光线穿透树冠成为黑暗中的光束。建筑物的屋顶的颜色似乎比墙要亮得多，因为它们有更高的反射性。

光照的方向和落在景观上的光线量影响到景观的那些部分会吸引我们观看时的注意。在评价景观时（可能在设计之前），最好要记录不同条件下的情况。一天或一年中太阳运行中不断变化的角度和方向，会大大改变其外观，但这一点除了在系列照片所见外，往往是不被注意的。我们不能忘记，我们还可以对某些光照条件做出情绪上的反应。暴风雨云层中的阳光（彩色插图 20）、色彩丰富的夕阳或者在新雪上反射的月光都会引起脉搏加快、喜悦涌来或使我们屏住呼吸。在这种情况下，光照的戏剧性效果可能会使注意力离开景观的真实状态。

借助人造光，我们能完全控制颜色、强度和方向。利用这一点，我们的注意力可以集中在特定的要点上，如一栋建筑物或一座桥的主要要素，而把不好看的地方放到黑暗中。有些景色，特别是城市景色，在白天的冷光下看是完全不同于在夜间灯光下的迷人效果的（彩色插图 21）。

视觉力

• 运动的感觉存在于静态的图像或物体中；

• 要素的位置和它们的形状会提示视觉运动的幻觉或视觉力；

- 视觉力的作用可以是互相对立的，或者是互补的；
- 视觉力在景观中是一直存在的，沿山脊、凸起、山谷和凹陷处一直往下；
- 添加到景观上的形状和线条反作用于地形，产生视觉力；
- 响应视觉力的和谐形状会产生更和谐一致的结果。

　　视觉力现象是一种幻觉或运动的感觉，它是由静态图像、物体或多个要素在构造中或景观中并置所造成的。强烈的视觉力是波纹般光学幻觉的基础，视觉上被搅动的图像常常表现出脉动、抖动或使直线显得弯曲。

　　视觉力的作用可以是对立的或者是互补的。如果它们互相矛盾或者一个要素的明显的视觉力不在另一个要素上引起相反的反应，则产生的紧张状态可以是非常具有破坏性的，可以从设计中转移出去（参见"紧张"）。一个要素对另一个要素的视觉力做出的反应越是有互补性，它们就越能被感受为总构造的一部分，并产生更大的视觉统一效果（参见"统一"）。

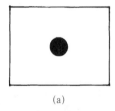
(a)

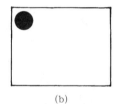
(b)

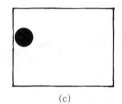
(c)

一个要素的位置开始向其周围施加一种力：
(a) 中心位置是稳定的；
(b) 上端位置是不稳定的；
(c) 这个点似乎在沿着平面的边缘下滑

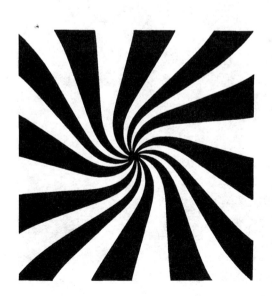

这个图案在构造的中心产生强烈的扭曲感

(a)　　　　　　　　　(b)　　　　　　　　　(c)　　　　　　　　　(d)

以不同方式运作的视觉力：
(a) 侧向运动压缩黑条；
(b) 向下的力拉伸和压缩黑条；
(c) 黑条被迫分开；
(d) 切断黑条的运动，与其他三个例子相比不太和谐

视觉力可以用多种方法产生。一个点的位置可以引起视觉力，形状也可以，特别是如果它们有方向方面的品质。箭头和锯齿形道路标记是熟知的有力实例。线可以提示运动，而运动与方向结合在一起可以产生不同的速度感受。

当我们看景观时，我们的眼睛持续和下意识地对存在的视觉力作出反应。它们动态地被引导到景色的周围，被整个地貌所吸引。明显的线，如蜿蜒的路或弯曲的河流引诱我们的眼睛去跟随（参见"方向"）。明亮天空与较暗地面的反差吸引我们的注意。

露出地表的岩石似乎要把一排排种植的树推出来，推到右边

彩色插图 12
在威尔士彭布罗克郡的米尔福德港的一个大型油罐场。贮油罐漆成各种淡色，有些意在制造阴影效果，其中的一个红色贮油罐用作焦点（一种重点色），它吸引人们的目光，有助于整体组合［雷·佩里（Ray Perry）提供］

彩色插图 13
一座大型发电厂，涂成柔和的蓝灰色，力图在这个海岸地区，冲淡面对天空所看到的体量。这种照片和拍摄时的天气一致，效果很好。较暗的颜色会突出工厂的轮廓，而浅色反射力强，而使建筑显得更加庞大。这种简单的设计意味着建筑物的真实大小是难以判断的（参见"比例"）

彩色插图 14
景观中白天的变化：（下图）黎明薄雾；（底图）黄昏玫瑰色的阳光反映在英国哥伦比亚的科尼斯顿湖面上

彩色插图 15
其他的白昼变化包括潮水：（左上图）低潮——浅滩、岩石区潮水潭和露出的海滩；（右上图）高潮——海浪冲刷岩石底部

彩色插图 16
季节变化是影响景观的主要周期之一：（左下图）美国俄勒冈州的马尔特诺马思大瀑布(Multnomah Falls)。初夏，瀑布的涌动促使嫩绿植物成长；（右下图）冬天，当瀑布表面结冰时，树叶脱落，一种不同的神奇的气氛出现了

彩色插图 17
美国田纳西州的蓝岭山脉的景观。投射在山脉北坡
凹地上的深度阴影，展示出景观的雕塑式特质

彩色插图 18
逆光景观：天际线突出，而所有的细部都消失在阴
暗的山地中，只留下色品显眼的白桦林的一片金色
或者山顶上的初雪。加拿大不列颠哥伦比亚省

彩色插图 19
美国爱达荷州的迎光景观：那儿的土壤和植被的颜
色显露出来，但由于没有投影而妨碍了我们对地形
的三维特质的真实感

彩色插图 20
此景抓住了同一次暴风雨相连的特有品质——景
观的高光部分，其他部分的阴影和彩虹。苏格兰
马里湖(Loch Maree)

彩色插图 21
同一景物，加拿大安大略省尼亚加拉大瀑布景区
的一条街：（右上图）在白天—— 一种俗丽但不
浪漫的效果；（右图）在夜晚，这儿富有魅力的
效果把街道变成了一个令人兴奋的地方

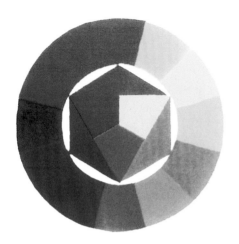

彩色插图 1
（左图）色彩圈：基色居中，次色随后，而系列合成色或第三色安排在
外圈

彩色插图 2
（左下图）按照色相、亮度／色值和饱和度而排列和变异的样例。色值按
上下横排，纵列则表示饱和度的增减，每张卡片都具有不同的色相

彩色插图 3
（右下图）根据色调和色彩而显示浓淡变化的色彩三角形

彩色插图 4
（底图）在意大利托斯卡纳区的景观，这儿色彩独特，存在着一种互补
关系：橘红和赭色的砖瓦同灰／绿，橄榄和深绿的丝柏、常青栎树以及
其他树木和谐搭配，别有风趣

彩色插图 5
大气透视图：随着观察者的距离增大景观显得更
蓝。这是美国田纳西州和北卡罗来纳州的大烟雾
山，其名字正来自这种现象

彩色插图 6
加拿大阿尔伯塔成排的农舍。深红色的墙体同遍地
绿色的景观十分和谐，反光的浅色屋顶形成了强烈
的对比，吸引人们的目光，因而屋顶往往看似更大，
而建筑对地面而言则显得不那么吸引人了

彩色插图 7
（顶图）源自"老红砂岩"的棕红色土壤乃是苏格兰的东洛锡安郡的特征
（上图）用当地石头建造的密集墙体，显示出主导的粉红色相
（右图）一处用当地石料建造的房屋，包含了系列的粉红、红色和棕色的差异

彩色插图 8
在俄罗斯，木质房屋被涂成传统色彩。例如这些柔和的绿色和蓝色，就冲淡了窗户和门周围的白色细部，斯帕斯－克列皮基－梁赞（Spas Klepiki Ryazan）地区

彩色插图 9
（上图）在地中海国家，那里光照强烈，很适合明亮的颜色，也能降低眩光。靠近威尼斯的布拉诺岛，房屋以使用鲜艳的原色闻名

彩色插图 10
（左图）冰岛的首都雷克雅未克的特色，是在许多本来枯燥单调的建筑上使用的色彩手法，例如涂成红色或蓝色的屋顶和间或赭色的墙体

彩色插图 11
（下图）在这幅图中，金黄油菜花的强烈色相，在景观中本应占主导地位而不太饱和的绿色里，特别突出。这种效果可能高度刺眼，尤其是因为黄色相当生硬。一种更为橘黄的色相会更加适合

黑圈似乎要沿斜线滚下来

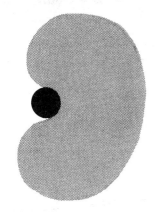

黑圈似乎要推到灰色的质体中

从顶部到底部的蜿蜒、弯曲、流动的运动

　　地形可以产生有趣的效应。据广泛观察，似乎存在着方向力的作用，例如起伏的山坡、山脊和凸地，到山谷、峡谷和洼地等地形。这种曾经被解释为人们随山谷或山梁或上或下的目光运动的结果，但无法证明。相反，似乎是目光浏览了完整的景物，而且，当目光理解景物的结构时，也就是在识别方向力。这种对地形的运动感知，除了最平坦的地貌外，都是适用的。通常，存在着方向力的等级，因此就能用强大视觉力去分析向上突起的山梁或向下深陷的凹地景观，而较小的视觉力则和较次要的特征相关，这一点也可见之于不同的比例或观察距离（参见"等级"）。

　　这些视觉力的线条是有力的。如果有任何平面或线条添加到景观上，而它们的形状、位置、方向和视觉力与处在下面的地形相冲突，就会产生紧张，多半会有破裂性的视觉效果。例如有一条路莫名其妙地切断了山坡，从而断开了天际线，自然会吸引视线。另一个例子是一块正方形的森林不恰当地位于山坡上，由于其颜色和纹理的反差而更为明显。与此类似，在高山地形的一大片森林中清楚地砍出一个长方形会产生同样不舒

(a)

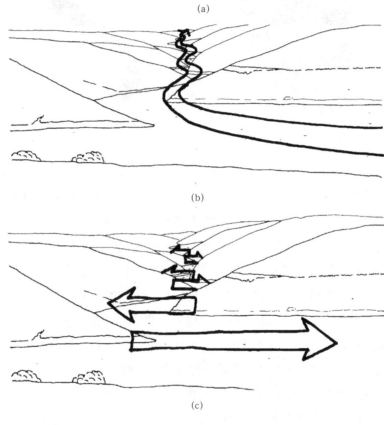

(b)

(c)

在景观中产生的视觉力的分析：

(a) 布里亚内湖 (Lake Brianne)，坐落在南威尔士山中的水库；

(b) 眼睛看到水并随它进入构造的中心；

(c) 交错的路径引起的曲折运动；

(d) 我们随着交错的路径向下移向水边。它们似乎互相向内推动，挤压水区

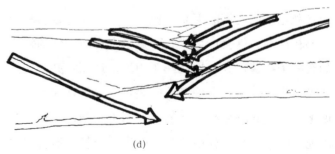

(d)

与地形有关的半自然格局的例子，有相似的视觉力式样。林地集中在较低的山坡上，填满了山谷，而山脊部分光秃秃的。美国加利福尼亚州约塞米蒂国家公园

服的效果。这是形状和位置的组合与景观中视觉力的线相冲突的结果。自然的植被分布肯定和地形有关，例如，森林自然就会位于峡谷里，而光秃秃的地区可能集中在山脊上。

　　一旦理解了视觉力的作用方式，就可以予以应用。在地形中，如果一条线或者森林般形状的边缘随着向上的视觉力进入山谷并随着向下的视觉力流动到山脊，结果会是在线和下面的地形之间产生直接而协调的关系。在设计中就不会出现紧张，而且会更好地统一。

视觉惰性

- 某些物体可能不显示视觉力，它们可能提示惰性；
- 重的、超稳定的水平形状似乎最有惰性。

　　虽然大多数形状展现出视觉力，但有些物体可以多少显得有惰性。这通常是实体的性能，它的形状以及颜色使它们显得重，贴在地上，特别稳定。角度小的金字塔、在水平面上的一个立方体、矮小的圆丘或低矮的平顶建筑都是这种例子。尽管有少量的视觉力沿着形状的山脊线而下，但是物体本身似乎非常有惰性，要求强烈的外部视觉力才能产生紧张的感觉。

　　为了在一个构造或景观中维持一个平静和安静的外观来对抗别的地方的视觉能量和运动，就会需要惰性。在争相夺取注意力

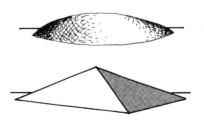

两个在视觉上特别稳定和有惰性的形状

苏格兰爱丁堡的皇家联邦游泳池是一座低矮的、平展的、主要是水平的建筑物。与周围的建筑相比在视觉上有惰性

的景观中，把低矮的形式和阴暗的颜色用于世俗和实利的建筑上有助于避免把注意力吸引过来。在平坦而无纵向形态的地貌中，突出的低矮横向建筑，可能易于协调一致。

第三章
组　织

设计目标

多样性

空间线索

结构要素

秩序

第三章
组　织

> 内心愿望所固有的倾向就是把
> 我们所看到的东西组织起来。这种
> 愿望非常强烈，只要有很少一点可
> 能连接的迹象，就足以感知为一条
> 连接的途径或一个完整的形式。
>
> ——加勒特（Garrett），1969 年

　　任何设计的终极视觉目标是在统一性和多样化之间取得平衡并尊重地方精神。图形、设计结构、组成或景观是对无穷变化的基本要素进行组织的结果。一些图形组织建立起来的格局似乎是和谐统一的，而另一些则杂乱无章。因此在考虑设计过程中对要素进行组织的各种手段之前必须以一定的深度探讨"统一性"、"多样性"和"地方特色"等概念。这些组织原则可以分为三类：

空间的：接近，围合，互锁，连续性，相似性，形体和地面；

结构的：平衡，张力，节奏，比例，规模；

秩序：轴线，对称，等级，基准，转变。

设计目标

统一性

• 为了使设计的各个部分互相关联成为整体，统一性是必需的；

• 很多组织因素都对统一性起作用；

• 统一性的设计应该也是生动的，富于节奏，消除紧张；

- 互补的统一性包括故意使用对立的或形成反差的但仍与整体相关的东西；

- 自然景观自身一般有很好的统一性，因为视觉格局与自然过程有关；

- 粗心地引进人造景观会打破自然景观中固有的统一性；

- 在现存的城市景观中，在突出新要素的同时需要照应连续性和纹理，要达到很好的平衡；

- 可以通过设计，利用一些组织因素，给杂乱的景色添加某种程度的统一性。

　　统一性涉及的是设计或景观中部分和整体的关系。可以应用本章要描述的组织原则得到统一的或不统一的设计。如果设计太多样化并且明显地缺少视觉结构，它也会表现得不统一。反差对于体现活力和兴趣是重要的，但太多了也会失去统一性，造成视

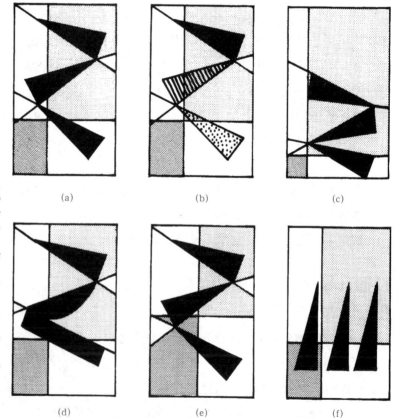

在六个抽象图案系列中展示的设计统一性概念：
(a) 设计采用了三个重复的相似形状，将背景分为区段，比例很好。在黑的图形中的节奏和运动，被结构线条连接成一体。这个设计的统一性很好；
(b) 这个设计与 *(a)* 一样，但主要图形的纹理不同。虽然形状是占支配地位的，但过多的多样性和纹理上的反差与视觉重量的不平衡一起减弱了统一性；
(c) 背景的分割和三个黑色图形的位置是不平衡的，从而失去了统一性；
(d) 三个形状是不相似的，从而失去了节奏感和统一性；
(e) 背景的带色区被分成 50：50，从而失去了比例和平衡，也减小了统一性；
(f) 黑色形状的位置成为静止的和无生气的。这个构成使人不感兴趣，也失去了统一性

(a)　　　　　　　　(b)　　　　　　　　(c)

(d)　　　　　　　　(e)　　　　　　　　(f)

觉上的混乱。统一性寻求多种原则间的平衡和它们之间的和谐关系。例如，在形状上有反差时，颜色或纹理却是与连续性或相似性相平衡的。

在导言中，提到了两个卡普兰（Kaplan）的工作，他们证实了一致性和易读性在帮助解释有些景物比另一些更招人喜欢的原因时，是很重要的因素。一致性可以等同于统一性，因为它提供了所有的部分都相互关联的感知。统一性也形成易读性，因为分散的景观也可能难以识辨。

在第二章探讨变量时，我们看到，随着数量的增大，设计变得更加复杂，因而要求更加细心地考虑元素的空间布局。元素的数量越少，设计的统一性就越容易。一种或多种元素的位置也会产生效应。点可以沿线（基准）布置，并连接在一起。它们在空间里可以占有相似的位置，并且彼此靠近。如果各个元素的反差过大，这样就可能凸显不统一，因此在规模、形状、纹理和色彩上更大的相似性往往能保证更大的统一性。然而，如果相似性、平衡、规模和比例使用得不灵活，就可能在组构中造成相当呆板的协调。作为一种给设计增添生命力而不破坏统一性的手段，周密地综合张力、节奏和运动万万不可忽视。在本章中有关组织原则的重点考虑将详细探讨这些问题。

如果要使一项设计真正成为创造性的、具备可识别的（或者是独特的）特征，必须有一些能把所有的东西都包容起来的、统一的主题以及在它背后的某种不变的理念。这可以是重复的主题、不可见的组织网格、描述使用材料的数学公式或抽象的理念。

如果没有多种变量的一些反差或者相对立的特征，就会难于感知和理解一项设计，因为没有背景或连贯性。为了避免这种情况，质体应该对着空间，亮光应该对着黑暗，运动应该对着稳定。当设计或景观随时间发生变化时（由于生长或天气变化，或采光条件的改变），应该用出发点的初始理念予以平衡。为了使设计成为创造性的和动态的，而不是按一个框架或规则手册装配起来，这种在对立面之间达到并不断变化的互补性统一必须予以理解和使用。

在美术领域，美术作品可以独自存在而不需要直接参照其周围情况。但是对一栋建筑、一项景观的设计或管理活动，通常都

这种景观变化很快，明显地缺乏规划和调控，导致显著的不统一。日本，冲绳

加拿大渥太华的议会大厦是相似建筑形式的组合，呈现出强烈的统一感。重复的屋顶形状、窗户形式和前景建筑物的总比例非常相似，足以产生强烈的相关性。背景建筑物的统一性较差，因为其形式、大小和比例不同，但是它们不占主导地位，因此并不完全影响统一性。底部的林地起基准的作用，把所有的正立面在视觉上联系在一起

要考虑与其周围的关系。未被人侵扰的自然景观通常展现出非常好的统一性。如果地形上添加了植被和排水系统，而形成的格局在各种规模上都清晰地彼此关联，则统一性也能展现出来。有时，就这样产生的不规则碎片几何，提供更深刻的统一性，因为它可以在复杂的比例中被感知。

这是一座现代建筑，是由詹姆斯·斯特林（James Stirling）设计的德国斯图加特市国家画廊。采用了大胆的平面和线的组合。重复的窗户格局和栏杆的粗线条被简单的、比例适当的外墙纹理所弥补。左侧交叉的窗户平面有些紧张感，但很好地融入了结构。窗户上的垂直线有一种节奏感，使眼睛能一个一个过目。每个斜坡平台的形式与窗户墙的形式互相交织，使总的构造进一步一体化

　　山坡上的森林格局可以是自然统一的例子。树的品种随土壤、海拔高度、方向和湿度而变。它们会显出不同等级的密度。森林边缘到高于森林的高山区域的形状是对其他因素做出的反应。在所有这些地方，形状、颜色、纹理和多样性会非常相似，在景观中还可能有节奏和统一。因为格局没有受人的影响，生态系统中每一部分相对于其他部分的作用已经发展并达到某种在时间和地点上的均衡。连续性会是很强的，视觉上有和谐、平衡和与景观相称的结果。偶尔，不平常的要素（如一条硬岩带）会在瀑布形状中生成一个反差点，火山活动也会在景观中增加一些变化和推动力。它会增加景色的互补统一以及地方特色，即场所精神。

　　人造格局经常在野外景观中引入强烈的反差，如一条路或一条电力线所生成的直线，森林中砍出的一块地，山坡上的采石场或矿井会形成几何形。这会引起视觉破坏，不仅是因为它们造成的反差是不平衡的，而且因为它们污染了荒野。这些要素的形式可能是不相容的，颜色和纹理可能冲突，或者某些人造物品会引起视觉紧张。

　　相似的考虑也可以应用于好的城市景观，在设计建筑物和与城市空间结合时要有强烈的统一性。引入现代风格的新建筑

景观中自然要素的格局，统一性很好。森林随着地形，还与排水格局相关。掩蔽所和土壤的位置、露出地面的岩石和气候因素使表面形式与地形有密切的关系。视觉力的分析会显示出，森林主要分布在山谷和洼地，而山路上没有树。在前景中的道路线有些突出，并且也与地形有关，因此统一性相当好。美国科罗拉多州阿拉珀霍国家森林 (Arapaho National Forest)

物时，可以通过把注意力集中到它自身并与其周围形成反差而达到互补统一，但是只有在与环境的各种成分达到平衡时才能成功。可能需要把环境资料带到设计中，以便使用相似的材料、形状和颜色。换句话说，需要表达在建筑物和其周围环境之间的连续性。

　　在很多情况下，某些特点比较突出，成为景观特征的主要构成。在任何景观中插入一个新的要素时，必须考虑其主要特征。例如，地形可以有主要的影响，生成的视觉力很强。如果地形是圆滑的、流畅的，则由一系列直的折线段组成的道路不能与地形相配，会显得不统一。它也可以破坏通过景观的视觉力，引起视觉紧张。在另外一些场合，通过添加新的图案，可能有机会在现有的混乱景色中导入统一性。按等级进行组织，考虑比例和平衡，能有助于解决混乱。如果有一组建筑物太突出，可以通过某种达到统一的方式，如涂以协调一致的颜色，或把它们联结到有其他要素（如成组的树）的景观中，使它们融入周围环境中。

多样性

- 多样性涉及设计或景观中的变化程度；
- 多样性在很多方面有价值；
- 多样性有规模上的变化，从相似景观的宽阔区域到较短距离内复杂得多的变化；

• 增加多样性会减小规模；

• 气候较恶劣地区的植被格局有较少的多样性；

• 由于人类活动所积累的遗迹，定居时间较长的景观通常比
近期的景观有较多的多样性；

• 有混合文化的区域通常有较多的多样性；

• 多样性必须与统一性相平衡，多样性太多会引起视觉上的
混乱；

• 景观中的新要素会增加或减少多样性，取决于如何处理
它们；

• 在各种规模上都有多样性的景观是最令人满意的。

　　多样性涉及的是设计或景观中的变化和差异。它发生在各
种规模上。一个景色想要我们保留长期的兴趣，多样性就是必
需的。还可以赞同一种观点，为了提供刺激并丰富我们生活的
质量，视觉多样性是一种基本需要。在导言中，提到过两个卡
普兰的工作，他们认定，为什么有些景物比另一些惹人喜欢，
复杂性就是其原因之一。多样性可以理解为同复杂性有关，尽
管并不完全相同。

　　景观中需要多样性或差异性，在过去，已经为建筑师和景观
设计师所认可，现在又被心理学家所认定。早期的景观设计师，
如汉弗莱·雷普顿 (Humphry Repton)，认为多样性和复杂性

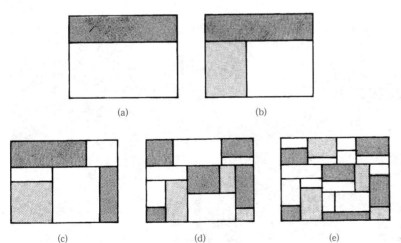

(a)　　　　　　　　(b)

(c)　　　　(d)　　　　(e)

一个抽象的构造被分割成不同的程度。从 (a)
至 (c) 多样性增加，也更有兴趣；到 (e) 的
时候多样性的程度太高，开始发生视觉混乱

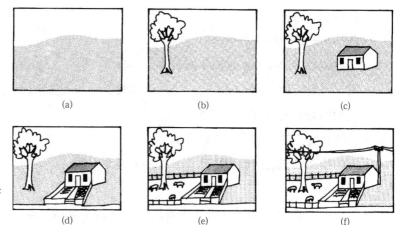

从 (a) 至 (c),越来越多的要素加入到景色中。兴趣不断增加，到 (d) 的时候景色是相当多变的；(e) 的变化更多，但仍保持某种统一性；到 (f) 时多样性程度太高以致有点混乱

是设计所希望有的属性。这种需要在人类历史的早期就产生了，因为人类认识到，包含多样性的景观会提供更多的食物、掩蔽所，能防卫掠夺者的侵害，能在气候波动或其他周期性环境压力下有更多的幸存机会。同样，从视觉上说，一种单调的景象对眼睛的视网膜细胞产生厌倦感——它们需要多样性以有效地活动。

在景观中见到的多样性程度取决于许多因素。所有自然界的生命以及人造地貌和活动都或多或少依赖一个地区的土壤、地质和排水。因此，那里有多种岩石类型和多种地形时，那里就会有多种植物，从而使人有更大的开发余地。

美国内华达州的一条长而笔直的路穿过没有任何特色的沙漠。这里的多样性都在很小的规模上，以至于驱车经过这个地区时都注意不到。初始的新鲜感很快就没有了，缺乏兴趣很快使驱车成为令人厌烦的事。而在这样的景观中驱车数小时是很有可能的

加拿大北部不列颠哥伦比亚省的北方森林。这种纹理连续绵延数千平方英里。在这种气候恶劣的地区，多样性在所有规模上都是有限的，即使在树冠中也只见很少的树种，与热带地区相比，植物和动物的品种范围也很有限

　　视觉多样性和地形结构之间的关系反映在各地见到的多样性规模上。例如，北美大平原是宽阔的地区，有相似的地形、土壤、气候和自然植被，一度曾有大群的野牛。而现在，同类的农业，如种粮、饲养占了大片土地。在有些州（如怀俄明州或内布拉斯加州）旅行，可以驱车几小时而不见景观的总体外貌有什么改变。偶尔有些细节上的微小变化，但是压倒性的感觉是单调，长时间观看同一个景色会使眼睛和头脑很快疲劳。

　　这一点可以与英国相对照，那里的地质在很短的距离内就有显著的变化。旅行者可以在几小时内通过威尔特郡（Wiltshire）的起伏草地和麦田进入科茨沃尔德（Cotswolds）的石灰石景观，再到赫里福德郡（Herefordshire），那里砖木结构的房屋、小块用树篱围起来的田地和小山丘中连绵的树木和林地。这种多样性

的部分原因是人类拓居地的漫长历史和在许多世纪以来人类适应土地所进行的活动，与之相比美国和加拿大平原地区的拓居地要近得多。

景观中的多样化程度也受气候的影响。气候越是恶劣，在所有规模上的格局就越简单。也就是说，当气候极端寒冷、极端炎热或极端干燥时，除了地形和地质有变化外，植被的形成会受限于很少的几个品种。冻土地带、北方森林或沙漠会在很大的范围内有相似的特征。在热带地区，植物的生长条件是最佳的，远处看到的景色似乎非常单调，好像是深绿色的海洋，但在热带雨林内具有在极端气候地区看不到的令人惊奇的各种植物和动物。

由于人类长时期定居所产生的变化和兴趣以多种方式反映在景观上，例如，在欧洲、中东的一些国家，以及印度和中国，人类历史对该地区景观的特征和多样性程度起了主要作用(参见"连续性")。

多样性还出现在不同文化交会的地方。从许多国家来的移民把各种风格的建筑物、花园和文化带到美国，导致在纽约、芝加哥、旧金山等城市的不同人种区有极其不同的景色。这还可以促进以新的形式开展创造性活动和视觉表达，使这些城市的外观进一步多样化。

在任何设计中，视觉多样性的程度必须与统一性的需要相平衡。多样性的增加可以有很多后果，在单调景观中引入新的要素或变量可以增加对它的兴趣。随着这个过程，这些多样化要素开始越来越多地相互作用，要求更好地加以组织以维持统一性。最后，变化会变得失去控制，引起视觉上的混乱。沿着美国的很多"条带"状地块，由于建筑物和标记牌的失控增加，可以看到这种效果。不同的风格极多，互相竞争，再加上交通信号灯和街灯等人造物，引起视觉混乱。只有在设计中建立秩序和进行组织才能予以避免。

增加多样性对规模也有作用。把大的要素分成不同的部分可以减小其规模。实际上这就是引入了多样性。但是如果没有明显的规模上的等级差别，多样化程度就是过度的，并失去了统一性。在另一个极端，多样化程度太低会在较大规模上

加拿大郊外小镇的"条带"景色。大规模的高速路及其简单的表面与随机散布的建筑物和标记牌形成反差。这些建筑物和标记牌显得没有秩序，引起视觉上的混乱。更糟的是，每个标记牌都想压倒别的以吸引那些为又多又杂乱的信息所困扰的司机们的注意。所有这些混乱现象和落基山背景相衬托

产生单调的效果。汉弗莱·雷普顿在把"三分法则"（Rule of Thirds）运用到景观设计时认识到了这一点。他感觉到可以在满足多样性的同时保持平衡、规模和统一，如种植区（如大片树木）中有 2/3 是一个品种占主导地位，而另外 1/3 则由多个品种组成（参见"比例"）。

在处理新作品的丰富性时，很多东西可以由设计者控制。但是，把新要素插入已有的景观会产生一些后果。如果已有的景观中已经有令人满意的多样性，新的要素可能会打破平衡，由于多样性增加得太多而不能维持统一。相反它也可能减少多样性而形成一个较少趣味的设计。

新要素引起过度多样性的例子可见于建在园林景观中的高尔夫球场。原有的设计布置可能已经仔细平衡了树木的质体并使多样性和统一性相协调。高尔夫球场的各种视觉上的附属品——草地、跑道、球洞、小丛、旗子等——进一步在小规模内增加多样性程度，从而严重扰乱了原始设计的平衡。

减少多样性的问题见于英格兰南部的一些地区。树篱和树木已经由于过去 30 年内荷兰榆树病（Elm Disease）而消失。以往富饶的极为多样化的但又是高度统一的景观，即散布在树林中的小块田地，已经被大规模绿野的单调景观所代替。

如果不是敏感地予以处理，苏格兰高地半自然植被格局的多样性可能被单品种植树的森林所取代或减少。只要将已有景观中的多样性程度反映在新的森林设计中（如树种的多样性和未种植的开阔地），就可以保持景观的总体统一性以及景色的视觉趣味。

同样的，在美国和加拿大自然森林中砍伐的视觉结果之一是减小了规模，并在原先缺少多样性的大规模景观中加入了高度多样化的小单元格局。具有讽刺意味的是，很多人把较小的砍伐区域看作是为了减少他们的视觉印象，而实际上这进一步减小了规模而增加了视觉混乱，除非采取砍伐区成组化的结构措施以防止规模问题的发生（参见"数量"，"接近"）。

在视觉多样性和生态多样性之间存在着有趣的关系。我们已经看到，生态上最多样化的景观之一是热带雨林，虽然从空中看可能特别单调。同样地，在视觉上高度多样化的景观，特别是城市景观，可能在生态上缺乏多样性。在一个纯自然景观中，两者之间在一定的比例上多半会有内在的关系。譬如说，在海拔高度有变的地方，或者从水域改成陆地的地方，植物群落会改变并形成一种与生长环境相称的格局。这会在"景观"规模上反映出视觉多样性的水平。为什么我们觉得某些景观比另一些更有吸引力，譬如山区和靠近水域的地方，其原因之一就是这种视觉多样性和生态多样性的相互关系。

与景观中的静态要素一样，动物、鸟类和人的存在也带来活力和趣味。如果没有它们，结构上多样化而且统一的景观是不完全的。

天气、变化的照明条件、云彩的图案和风进一步给景色增添生气和短暂的多样性。上面已经提到过牧场的单调，但是如果能看到电闪雷雨、龙卷风或集中的云层，就能在一定程度上补偿地面缺少趣味的问题。

多样性以其最精练的表现，能够反映出好几种规模，比如在苏格兰的西罗斯（Wester Ross）地区的因弗鲁（Inverewe）园林，在景观的各个部分里都存在多样性。这些正规园林组织高度有序，但在植物品种、它们的形态、颜色和质地以及出现的人工制品中多种多样。这种园林以高地为背景，在那儿，它和地形、岩石、林地及更多的自然植被模式形成很大的反差，而且在更大的规模上，同海洋有着更广泛的对比。

在这个样例中，园林的前景，充满了各种植物和其他细节，它提供了在大景观中的一种小规模不同的元素。而更为自然的背景，本身就意味着多样化，如岩石、花科植物沼地、林地和一些房舍。此外，在水域和陆地之间，还存在更大规模的多样性，尽管这种景观代表了在整个英国许多常见的类型之一。苏格兰的西罗斯地区的因弗鲁园林

场所精神

• 场所精神或地方精神指的是一个地方相对于另一个地方所特有的独特品质；

• 场所精神是不可触摸的，但对于景观是很有价值的一个方面，有助于使景观易于感受；

• 场所精神可能是脆弱的，因为难于识别其形成因素；

• 不仅比较大而自成一体的区域可以有场所精神，较小规模的地方也可以有场所精神；

• 任何设计必须对强烈的场所精神作出反应；

• 缺乏特征的景观可以通过优秀的设计创造性地施加强烈的地方意识。

　　场所精神或地方精神是一种独特的和个别的品质或特征，它使景观的一个地方不同于任何另一个地方。这个概念有点抽象和不可触摸，经常是在感情和下意识的水平上被理解的。但是它又是一个地方的最重要的属性，在特定地点内部或其周围发生变化时，它可能变得脆弱。一些人已经写过这个问题，最近的是 C·诺伯格－舒尔茨（C. Norberg-Shulz）写的书《场所精神》（1980年）。场所对我们和我们的生活是非常重要的。我们的身份可能与某个地点联系在一起。我们可能把自己指向这个地方，如"我是巴黎人"。位置是地点的标记，而地点本身由以独特的方式组合在一起的自然物和人造物组成，可以包括历史和由人赋予地点的各种识别标记。所有的地点都有特征，但它本身不足以导致场所精神。正是独特性使它特别，并使我们易于与之相联系。在导言中提到的两个卡普兰的工作，把神秘性确认为有助于解释景观偏爱的原因之一。虽然神秘性不一定是所有具有强烈地方特征的景观的关键因素，但任何带有强烈神秘感的地方，很可能都有某种程度的地方特色。

"场所精神"这一术语的现时用法，可追溯到 18 世纪诗人亚历山大·蒲柏（Alexander PoPe, 1688—1744 年，英国诗人，著有长篇讽刺诗《夺发记》——译者注），他在写及白金汉郡斯托新景观公园和园林时就用过。该词最早用于古罗马人，他们认为，每个地方都有一种气质——例如神圣的洞穴、丛林、瀑布或湖泊。这种用法后来在整个英国和爱尔兰同所设计的大庄园住宅的相关景观中得到进一步发展，在那里，模仿克劳德·洛兰（Claude Lorraine, 1600—1682 年，法国风景画家——译者注）、罗萨（Salvator Rosa, 1615—1673 年，意大利画家、诗人——译者注）、普桑（Nicholas Poussin, 1594—1665 年，法国古典主义绘画奠基人——译者注）描绘理想化的古典景观的画，有意识的设计把普通的耕地改变成常常神秘的景观，再配上寺庙和雕塑，旨在保证所有的景色都被包含在理想化的景观之中。这些代表了景观设计的黄金时代，并且构成了同音乐、建筑和 18 世纪英国贵族生活方式的统一体的一部分。这种场所精神至今依然强烈地存留在一些地方，如霍华德城堡（Castle Howard）或斯陶尔黑德城堡（Stourhead）。

场所精神的困难方面之一是，我们能瞬间感知它的存在，但不能识别是什么造就了它。这就是为什么它会如此脆弱的原因。艺术家或作家常能梳理出地方风气的本质。他们以一种感情方式，经常是非常个人化的方式理解地方风气，但也能被不太敏感和不太清晰的人所理解。景观油画家 [如特纳（J.W.M. Turner）] 和作家 [如

托马斯·哈迪（Thomas Hardy）]特别精于此道。当代艺术家如安迪·戈兹沃西（Andy Goldsworthy）也善于表现地方特质。

美国科罗拉多州弗德台地国家公园的云杉树屋。这是众多"阿纳萨齐"（Anasazi）峭壁居所的实例之一。它们隐藏在峡谷的底部或侧壁上。这些石头建造的房屋聚集在下面，以悬崖为庇护所。以前的居民已经离开，留下了一丝文化痕迹，但几乎仍可以感到他们的存在。地方风气的感觉十分强烈

　　场所精神可以属于较广大的区域或集中在小地区内。美国科罗拉多州的弗德台地国家公园（Mesa Verde National Park）是独特景观的最好实例。它与周围环境截然不同。弗德台地国家公园由于难于到达并在其峡谷深处隐藏着鲜为人知的人类遗迹而更为神奇。弗德台地国家公园景观本身是与众不同的，它由平顶的高原组成。高原被原始的植被所覆盖并被很多沟壑所分割。悬崖上有印第安人的村庄和土著人居住的称作"阿纳萨齐"（Anasazi）（"古老的房屋"）的石屋。这里，压倒性的感觉是在与久远而又在眼前的人们接触。生动的视觉关系、历史上的联系、人们遗留下来的人造物，所有这些结合在一起形成一种场所精神，使参观者瞬间就能辨认。

　　更多熟知的小地方也有强烈的场所精神。隐蔽而秘密的场所、生动的形体、自然形式的特殊组合、植被、水、光和地形都可以促成地方特色的形成。未被人触动过的自然场地，如峡谷中层叠的瀑布或我们偶尔会被绊倒的沟壑会很深地影响我们。激动人心的瀑布、水撞击岩石时发出的雷鸣般的声响及其在山谷中的回荡、

105

水雾中出现的彩虹和紧贴山崖的植被都会让我们的心都跳出来并使我们的情绪倍增，久久不能忘怀。诗人华兹沃斯（Wordsworth）被湖边水仙般式的景色深深感动，写下了以下诗句：

> 我时常躺在我的床上，
>
> 心绪空虚或沉思神往。
>
> 它们在内心闪耀，
>
> 是孤寂时的希望。
>
> 我的心顿时充满欢乐，
>
> 我的心随水仙起舞飞扬。

场所精神的出现，并非专门留给人造景观或天然景观的，在许多地方，历史发展的重写很重要。"重写"一词，源自希腊语"Palimpsestos"，意即"擦干净"，指中世纪在羊皮纸上擦去墨水以便再用的做法，这种擦拭并未能去掉一切，因此总是还留有原文的残痕。景观也是如此——大多数历史遗留物就成了几乎但并非完全整个抹去的一个特殊阶段的文化的最后遗迹，因而很可能存在一种较强烈的地方特质感。

通过应用上面解释过的设计原则，我们可以创造既统一又多样化的景观。除非每个地点都有其各自的特征，这些景观可能会乏味，甚至使人不感兴趣。在地方特色最明显的地方，设计者必须万分小心，因为场所精神是一种难以琢磨的品质，保留容易而创造难。当然，如果其价值得不到认可或者不能足够敏感地予以对待，它是很容易受伤害或被破坏的。人们倾向于在景观上附加强烈的地点感，因此对景观的变化也更敏感和警觉。对任何景观进行分析的实质部分应该是力图识别地方特色。在这方面，参考艺术和文学作品中对景观的描述是非常有帮助的。

地形可以产生场所精神，而且这些可能吸引把场地同宗教意义联系起来的人们。西班牙的蒙塞拉特（Montserrat）山就是这样一个地方，那里独特的岩石结构和修道院一起，组成一道壮观的风景线，给人们留下难忘的精神经历。

有着强烈场所精神的景观，如果游客压力这类问题不能适当处理，就会易遭破坏。在尼亚加拉大瀑布，施加于它的广泛压力，完全由于游客过多所致，然而瀑布本身浩瀚强大，纵然游客激增一定程度上不利和降低了观看瀑布环境的自然美。好在 19 世纪

西班牙的蒙塞拉特山。这里奇异的岩石本身，就流露出一种强烈的地方特征，而修道院和教堂提供的宗教元素进一步强化了这一特征，因而把自然和精神融合成一种更大更深的地方意识

80 年代以来，这方面已得到了一些控制，如在高高的河岸和峭壁之间修建了一个公园（由 F·劳·奥姆斯特德设计），而尼亚加拉瀑布镇大部分就位于那儿。这个公园不是设计成一系列正式的花园，但至少确保能看到瀑布，人造物在此减少到最低，其中的一个例外是"雾中少女"(Maid of the Mist)游船的出现，这种小船把游客带近瀑布底部，这样的近距离观看，有助于体会瀑布的规模和突出其浩大及威力，并且强化了瀑布景象。

上图：加拿大安大略省尼亚加拉大瀑布中的霍斯舒瀑布 (Horseshoe Falls)。瀑布处得到很好的控制。瀑布是主导的，驶向水雾的小船突出了瀑布的力量
右图：瀑布景区公园一瞥。城镇被限制在较低的区域和断崖的顶上。下面是驾车道，离开边缘相当远。公园的布置相当整齐，而所有陡坡上的林地从大多数方向来看都是瀑布的简单背景

美国怀俄明州的"魔鬼塔国家纪念碑"。一个巨大的实体，火山岩颈侵蚀后的残留物，凸显于大草原上。土著印第安人认为它曾是一头巨熊刮擦过的一棵大树的所在地，很有价值，因而更强化了突出的地方特色

　　在景观中布置大的要素或进行管理时，特别是在自然景观占支配地位的地方，会有一些关键要素是主导的，或者特别重要。地形可能是重要的，也可能是雕塑或者其他特别的东西。它的品质可以受造林等的影响，地形可能因造林而被遮盖，除非通过好的设计把它反映出来。另一个途径是找出景观中不太重要的部分，它们的变动不会损害构成地方风气的主要因素。原始森林的砍伐同样会破坏地方风气，如果这种砍伐意味着丧失质朴的野生品质。

　　我们已经考虑了场所精神强烈而必须在设计中予以保留的例子。还可能有另外的情况，即场所精神薄弱或者根本没有而应该在设计中予以建立。这种情况可能出现在人造物占主导地位的景观中，如为特殊目的发展起来的城区。这里，强烈地、创造性地把新的和适当的特征加到景观上会有很大的帮助。

　　如前所述，场所精神的视觉表达，由于其他感官刺激和非感官方面的原因，可能比其生成要弱。像印度恒河的瓦拉纳西（Varanasi，印度东北部城市——译者注）这样的地方呈现出一种多感官的体验，这一点是难以同任何别的地方相比的，但对建筑的视觉质量却并不特别高。反之，正是在河边的生活组合、气味、声音和高度专注的宗教活动，共同创造了一种强有力的场所精神。

印度恒河的瓦拉纳西城的这种繁忙景象，有着极其强烈的地区感，它不但是宗教的组成部分，而且是视觉、声音和气味的混合感受，三者共同创造出一种非常强大的混合感。黎明时宗教仪礼的各种声音，进一步强化了这种体验

空间线索

　　第一组组织原则涉及的是要素在空间的相对位置和相互作用。这些原则互相关联，通常在任何时候都有几个原则组合在一起，其中有一个起主导作用。这一套原则、接近性、围合、互锁、连续、人物和场地，恰好同感知心理学有影响力的活动相关，而被称之为"格式塔心理学"。这个学派发展于20世纪初期，它力求诠释感知的主要方面和描述我们理解我们的环境的一些方式。在本节里讲述的空间线索，便是"格式塔变量"，非常重要。

接近性

• 要素挨得越近，我们越觉得它们是一组；

• 不相似的要素紧挨在一起会显得混乱；

• 定居的格局可以变动，取决于房屋之间紧挨的程度；

• 景观中的树木和森林经常需要互相靠近，以便有一个恰当规模的结构。

　　视觉要素的位置越是互相接近，我们越倾向于把它们看成一个组。如果要素在尺寸、形状和颜色上完全不同，就会引起混乱的效果。反过来，如果有很多小的分散的物体聚集在一起，则格局的总规模可能会得到改善，并且总的效果是减少了视觉上的混乱。在很多情况下可以看到接近性的效果。

当居住的房屋在大面积内铺开时，景观的特征可以表现出随机性，缺少明确的格局，而有核心的居住地看起来更有秩序，可以更清楚地予以理解。在爱尔兰的一些地区或苏格兰西部小岛，由于传统的小庄园式的土地使用体系，少量可耕地邻接小农舍，房屋传统地散布在整个景观内。与之形成对比的是英格兰乡村地区，起源于中世纪封建制度的核心村落清楚地互相隔开。

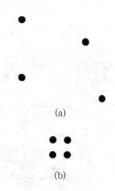

(a) 空间中的 4 个点……
(b) ……这 4 个点在一起构成一组

(a) 三个形状分隔开，不能在一起观看；
(b) 互相挨近时，它们好像属于一个组

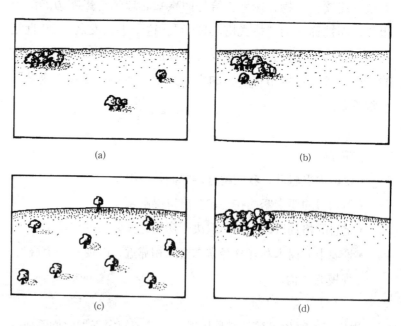

(a) 开敞空间中的三丛树……
(b) 互相靠近时达到较大的规模；
(c) 分散的树……
(d) ……当它们的位置紧靠在一起时成为一个能更好确定的实体

苏格兰西部赫布里底群岛（Outer Hebrides）中刘易斯小岛（Isle of Lewis）上的分散定居格局。由于小庄园式的土地使用体系，每个农舍有各自的地块，在这个开阔的景观中显得很分散

在美国，土地使用的规模可能意味着建筑物由于其尺寸大而占据相当大的地区，特别是在郊区。使情况更为恶化的是，在市中心外面的"条带"地段，围绕着商店和餐馆有大的停车场，把建筑物远远地隔开，不让它们看起来属于一个组。因此显得没有结构，缺少统一的格局（参见"多样性"）。

在开敞的景观中，把树种植成组或至少彼此靠近时，会显得更好。在英格兰南部的大部分地区，荷兰榆树病害使大部分的树消失了，而这些树曾经是景观中的强烈结构。剩下的树和小森林

这是从 Space Needle 上观看美国的西雅图。摩天大楼成组地在一起。从整体看，垂直面上似乎缺少突出的东西，虽然从地面看，其规模效果是相当惊人的

看上去像是被遗弃的，因为它们隔得太远，似乎在最终形成的开阔景观中丢失了，而由于没有了围合物，规模增大很多。

在森林中，树冠在树生长时通常接合在一起，可以优化场所的潜力并减少竞争。为了在砍伐和修剪时维持森林的外观，必须留下足够数量的树并且要有足够紧密的间隔，才能使人感到是连续的树冠。在果园和橄榄树林中，树不像在森林中那样紧密，但它们仍然有足够近的间隔以形成一种图案。远看像是一种纹理。

标记牌等人造物经常是在一起的。当它们的设计不一样时，会出现视觉上和功能上的混乱。外观相似和位置较近的要素越多，混乱的感觉就越少。

围合
- 当要素围合空间时，要素和空间都呈现完整的形态；
- 围合是要素的形状和位置的一个功能；
- 完全围合的空间是内向的，而局部围合的空间允许空间流入和流出；
- 城市景观的构造可以看成一连串各种尺寸的围合空间；
- 树和小的林地经常依赖围合空间来形成连贯的格局；
- 森林常有完整的围合，形成压抑和幽闭恐怖的效果。

要素的形状和位置相结合产生围合。在两个树丛之间生长的单棵树会围合缺口，这个缺口足以使视线通过并在视觉上把一个空间与另一个空间分隔开。

围合的空间越完整，空间越是内向。一直到某一点，围合或部分围合的空间保持着与外部空间的联系，并且二者流在一起（参见"互锁"）。可以在设计中调节开放和围合之间的平衡，为设计的不同部分建立不同程度的围合空间。由成组建筑物围合的城市中，空间等级就是一个例子。当一个人从一个空间移到另一个空间，从一个广场移到另一个广场时，不同的围合尺寸组成多样化的但又是统一和结构化的格局,毫无单调的感觉（参见"等级"，"规模"）。

当线的端头向内弯曲时，它们开始围合空间。
结果所有尺寸线都可看成是单个实体或形状

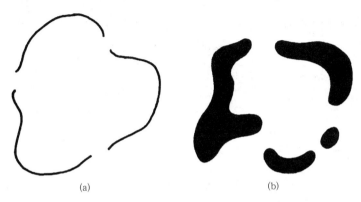

(a)　　　　　　　　(b)

(a) 由不规则线构成的围合；
(b) 不规则平面组成有类似程度的围合

(a)

(b)

(a) 四条线的位置在围合空间；
(b) 小的要素很强烈，足以使目光看到它们所构
成的形状并探测到有围合

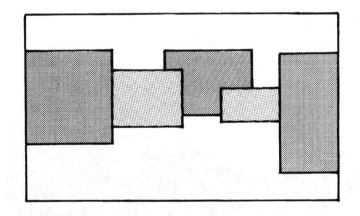

由重叠的垂直平面构成的围合。它们是结合在一起的

　　树木、森林和树篱所组成的景观靠围合来达到格局的一致性。
防护林是围合要素的最极端的例子，它们经常生成完整的围合和
一连串隔开的内视空间。这种围合的效果是防止任何景色泄露到
围合的"房间"以外，并引进一种感觉，即景观几乎完全是林木
的，虽然真正的林地和树木数量可能相当少。丹麦日德兰半岛
(Jutland) 的石楠树丛区是这种效果的很好例证。景观被防护林

113

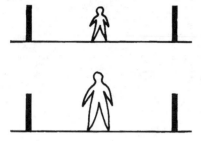

我们感知到的围合程度取决于围合要素是高于还是低于头的高度

分割，而防护林只有一棵树的宽度。在其他地区，这种格局要少得多，有更多不同的空间尺寸和更多机会透视景观。

　　森林的围合程度部分取决于以下因素：树干的间距，树高，离观察者的距离，从树冠下观看的可能性。在森林中连续被围合的感觉可能相当压抑，并且对习惯于更开阔景观的人来说可能是幽闭恐怖的。

　　英国的景观主要是开阔的，在很多地方可以有延伸的视野，平衡着任何其他地方的围合感觉。在加拿大和美国的大部分地区仍然有延绵的森林和浓密的灌木，因此围合感是主导的。当森林完全覆盖坡顶和山顶时，几乎不可能找到景色，围合是完全的。

苏格兰爱丁堡的皇家植物园有两排树篱。树篱的端头部分地向里弯曲，形成强烈的围合效果，清晰地把前景空间分割开，虽然围合是不完全的

伦敦多克兰茨(Docklands)的建筑物围合实例。
前景豁口以外的空间似乎比其他地方更属私有
领地，下意识地会认为属于居民

这些森林的垂直立面互相重叠，围合着景色。
较小的树或较远的观察距离就不会有这样强烈
的效果

互锁

- 要素互锁时表现为各自是另一方的一部分，并且更为统一；
- 在很多自然和人造景观中可以找到互锁的格局；
- 建筑物可以由很多互锁的形状组成；
- 成组的要素可以生成质体和空间的互锁；
- 互相重叠的要素在空间的结合是另一种统一方法，可见于
  建筑物立面，林地边缘和成排的树的组合中。

115

(a)

当要素互锁时，它们各自成为另一方的一部分，从而形成更统一的格局。彼此相邻的平面在视觉上是没有联系的，但是如果它们重叠，互相渗透或者互相围住一部分，就发生互锁。犬牙交错的迷宫是两个平面互锁的简单例子，希腊钥匙这样的图案也是互锁的例子。

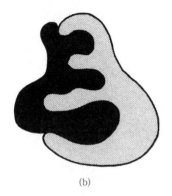

(b)

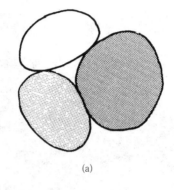

(a)

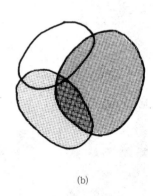

(b)

(a) 两个几何平面互锁，犬牙交错；
(b) 两个有机形状互相扣住，紧紧地抱在一起

(a) 三个不互锁的平面。它们在一起配合得不好……
(b) 一旦互锁，它们就各自成为另一个的一部分

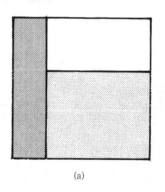

(a)

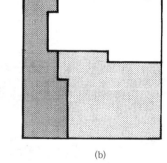

(b)

(a) 三个长方形一个挨着一个……
(b) ……互锁的情况。它们联结在一起，成为整体的一部分

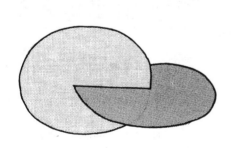

两个平面直角相交

这是希腊钥匙的形式，一种互锁形状的古老图案

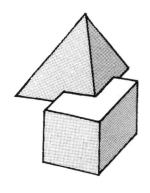
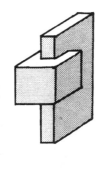

两个几何实体互锁的例子

　　经过多年逐渐围合而成的田野图案，与当年英国圈地法时期测绘员画出的图案相比，有更不规则的互锁形状。植被图案通常是相当强烈地互锁的，这是形状经过长时期发展后的一个特征。苏格兰山麓的欧洲蕨、石楠花和草地由于土壤、气候和人类活动的影响而显示出此类图案。如果树种的图案不仅在形

这些田块不是互锁的，因为树篱的图案更强烈

现代建筑的发展，由许多互锁的长方形组成，有些突出于水面之上，本身就形成了一个同陆地互锁的因素。荷兰阿尔默勒 (Almere)

林地与树篱图案的互锁。树篱深入到林地中，并且局部被林地所包络

状上是有机的，而且互锁性很强，则人造森林的设计可以得到很大的改善。

　　实体也可以互锁。像一座建筑物那样的实体，各个部分似乎可以互相贯通。地形也可能互锁，如弯曲河谷中的一系列支流。当它们重复时，视觉力出来，生成节奏。大片林地可以与空地互锁建立开敞的实体，互相流动。互锁和围合结合在一起是达到统一设计的特别有力的方式。这是伟大的 18 世纪景观园艺家，特别是"有能力的"布朗（"Capability" Brown）所采用的主要组合技术之一。

　　除了水平方向的互锁以外，还有垂直的形式，如不同高度平面的重叠。这些可以在景色上结合，然后在开敞空间形成围合和互锁。如果建筑物立面的位置能互相遮掩一部分并围合成一个能流入和流出的空间，引导目光穿过，就是垂直互锁的例子。林地、高的树篱或紧密排列的树也可以通过围合和互锁的组合来确定一个空间，其结果是各个要素的相互接近和一个较大的外观尺寸。

连续性
• 格局可以在空间、时间或同时在两者中显示连续性；
• 动物和植物的生长阶段显示发展的连续性，是与环境相联系的；
• 景观格局显示范围、生长和发展的连续性；
• 有些格局是逐渐发展的，有些则更快速。

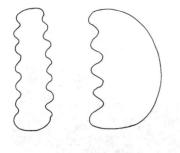

三条线代表运动和时间的连续性——周期性的或者线性的，但是在频率和强度上有差异

景观中格局连续性的存在有助于控制规模并吸收在整体内发生的微小变化。连续性可以是空间的，如果要素的格局是二维的或是三维的，或者它意味着在时间上的连续性如植物的生长或季节的循环。不同规模格局的相互连接也有助于连续性。在许多自然格局中，一种特定形状在各种尺寸和规模上的重复，根据分形几何理论代表着连续性的一个方面，这一点可以在观察者处于不同位置时看到。

格局的可预见性可能是重要的。例如，在设计时必须知道植物将如何生长和发展。可以有很多方法看到，在有机体生长过程中，在一定空间有规则地重复着形状和形式。蜗牛等软体动物在其壳上长出延伸的部分，每一个新长出的部分与前一个都有尺寸、角度和生长方面的数学关系，而且也与生长条件有关。生成的螺旋形式标示出动物生命的历史（参见"比例"）。

蜗牛壳：随着蜗牛的生长，它的螺旋线的宽度在增加，代表着由遗传决定的重复图案。生命和生长的连续性随时间重复

美国草原景观的一部分。测量网格的连续性向各个方向伸展，传递出景观的强烈结构感

植物也按一组随环境条件变化的遗传规则生长。每一片叶子相对于树干的角度，每一片后继叶子绕树干螺旋生长时的弧度，生成枝杈的方式等与其他因素（如土壤、气候）相结合创造出某种在植物中显现出来并专属于它的图案。树干中的年轮也显示历史。宽的年轮意味着生长得快，窄的年轮则表示生长得慢。一切都是连续但又有细微变化的图案的一部分。

景观中的空间格局以有机的方式随时间生长并发展，导致很强的连续感。定居可能从小规模开始，然后逐年增加。在英国，这种发展起初并没有计划，但是在建筑物的风格、采用的材料和耕作方法方面缓慢地改变当地传统，确保这种格局在很长的时间内，在大面积的类似景观中有连续性。

经过设计的景观，如被议会法案所圈起来的农业地区，有另外一种连续性和另外一种格局。在最近才开拓的国家，如美国或澳大利亚，这类格局是在短得多的时间内发展起来的。在美国，测绘用的杰斐逊网格已经确保在居住、农业、交通、地方政府边界和所有权等方面有非常强的连续性。随着居住地的发展和扩大，建成区较密的格局也有强烈的连续感。

如上所述，在规模上的连续性是重要的，但它的冷漠性会显得单调，除非一种格局与另一种形成反差，或者一种格局在空间或时间上改变成另一种。小块田地突然退让给开阔的山坡，或者农业区中出现密集的有围墙的城镇，这种格局之间的反差可能更有趣味。而在开阔山坡上耕作的小块田地逐渐过渡到大块农田，或者一个城镇郊区密度逐渐减小而变成农田的情况就索然无味。这种反差在另一种规模上可看成是较宽格局的一部分，有其自身的连续感（参见"转化"）。

时间上的连续性也很重要。例如，森林可能从冰川时期就已存在，热带森林的时间更长。今天的树木可能已经生长几百年或者没有多久，但森林本身在整个长时期内作为生态系统是连续的。一片经营的森林可以有不同年龄的各种树，而砍伐和再植也在森林中连续进行，但是这种变化有一种在长时期内连续的框架或格局。因此连续性可以在有过程和变化的同时提供动态稳定性。谷物的农业格局可能每年有所改变，而景观永远不会真正改变。在城市中的个别建筑物连续地被推倒和重建，但城市依旧。

这是在印度焦特布尔（Jodhpur）。一种有机生长的城市结构格局。每一个要素（房子、街道）都按习俗建造和布置。形成的格局有很强的连续性

古老森林的一角。在这儿，生态系统本身也许已持续呈现了一万年，尽管单个的树龄可能只不过几百年。这片森林表现了时间的连续性

121

连续性代表着景观中耐久的长期结构，允许发生变化而不会引起混乱。在发生这种过程和变化的长时期中，我们可以看到哪些要素是耐久的，没有时间品质的，而哪一些是短暂的，对我们很少有真正长久的价值。

相似性
- 相似要素越多，我们越能在视觉上把它们联系起来；
- 一个变量可以更有主导性，允许别的方面有变化而仍然保持相似性；
- 形状的相似性是特别重要的方面；
- 在自然界，要素倾向于相似，但不是完全一样的。

表现在形状、尺寸、颜色、纹理和所有其他变量上的相似性越多，我们越能把它们在视觉上联系在一起。形状、颜色和纹理的适配性经常是在设计中建立统一以及在构造中求得平衡的关键方面。物体在空间中挨得越近，我们就越是感到它们是一个组。因此为了达到统一，需要某种程度的相似性。各种尺度的相似性是不规则碎片形几何的关键特征，因此也是自然世界的一个主要特征。

通常，一个变量可以是主导的，允许其他变量有些变化。形状是特别主导性的变量。颜色或纹理可以有所变化，而重复的形式把设计集合在一起。田地的图案可以在颜色上变化，而形状相似可维持设计的内聚性。形状有等级，较小而多变的形状在强烈的几何形状内重复（参见"等级"，"规模"）。或者，以不同方式重复的是一个形式或一个建设单元的一部分形状。这可以是标

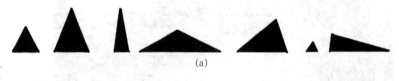

(a)

(b)

(a) 这些形状都是三角形，但是在形状和尺寸方面不够相似，不像是同一个族的；
(b) 虽然每个三角形的图案和纹理不同，形状却是一样的。但是形状是更为主导的，因此它们看起来就是一个组

122

形状、尺寸和纹理极为相似，确保这些形状看起来属于一个族

一组形状有某些相似又有某些不同——高度、底宽和颜色是相似的，而形状多少有些不同

准的尺寸和形状，如用于建造很多人造物（围墙、长椅、长桌或小箱柜）的木块或用于建房的砖头。

　　当形状在相似性上不太强烈时，可以采用其他变量。例如，如果一系列不同形状的建筑物重新用相同的颜色和纹理进行装饰，这就可能足以使它们看起来像是统一群体中的一部分。有限的形状、几种颜色、材料尺寸、建造方法和定位方式组合在一起，可以使最终的形式有一种"家族感"，如一组标记牌或小的建筑物。

　　一些变量难以通过相似性建立统一。例如，位置、方位和间隔的强度不足以压倒形状和颜色的主导地位。

岩石表面由很多在形状、尺寸和颜色上相似而又不完全一样的单元组成。正因为如此，被分隔开的单元被包容在总的图案中

123

美国肯塔基州马场（Kentucky Horse Park）的一系列建筑物。屋顶形式、纹理和颜色以相似的方式重复出现在门廊和通风设备上，因此在同一性和多样性之间有细微的平衡，有助于整体的趣味性

这座寺庙由好几个不同部分组成，每个部分又由多样的、重复的相同元素组成。每个元素都流露出一种强烈的建筑统一感。印度拉纳克布尔（Ranakhpur），耆那教寺庙

重要的是要认识到，在很多方面，设计中更有用的是拥有相似的而不是完全等同的要素，如果等同的要素用得太多，就会单调并减少多样性。在更为自然的景观中，形式的相似是更常见的，没有两棵树或两块岩石是完全相同的。必须找到一个平衡点，既保持景观中的趣味和特征，又避免视觉混乱。

形体和背景
- 一些形式或物体突出于背景之上成为体貌和形体；
- 形体通常与背景形成强烈的反差；
- 有时什么是形体和什么是背景是模糊不清的；
- 在设计中强烈的反差可能是缺点，因此要减小反差以避免形体太突出；
- 有时为特殊目的需要突出一个形体。

纹理的一部分转了一个角度，纹路转到另一个方向。这就足以在背景上产生一个正方图形

在任何设计和大多数景观中，一些形式或物体突出于更一般的背景之上成为体貌或形体。通常，较小的物体、简单的形状、强烈的颜色、密集的形式、精细的纹理和实体都倾向于表现为形体。例如，在空的城市广场上的一个人，在山坡上的孤独房子，或者密集城镇的城市结构中一座高耸的教堂。

凸出来的形状通常表现为形体，而凹进去的形状则表现为孔或洞。空间中的任何小质体通常都是形体。偶尔，如果有很强的互锁性或者颜色和纹理太相似，特别是如果尺寸上没有差别时，关系就有些模糊不清。如果形体太突出于周围环境，而且反差太大，则它会是恼人的。把几何形状引入自然景观时，这是常有的效果。这方面的例子有：草原上的建筑物，森林中的停车场，或在森林中清晰砍伐的区域。把反差降至最低程度以便把形式附加在背景上或把形体转变为背景，可以减轻这种恼人的效果。经过深思熟虑，采用相似性就可以做到这一点。

有很多案例，把轮廓从背景中突现出来是所希望的。雕塑有意识地要突出其形式与材料对底座的反差。设计的一部分，如方尖碑或未竣工的工程，可能依赖于强烈的聚焦点来达到最大的效果。突出教堂、寺庙、大房子或城堡可能还有象征性的原因，以便提醒人们谁是掌权者（参见"点"，"位置"）。

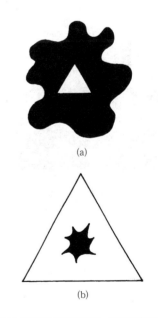

(a)

(b)

(a) 由于反差和强烈的形状，三角形突出于地面的不规则形状之中；
(b) 不规则的形状更像是一个空洞，而三角形的轮廓依然保留着

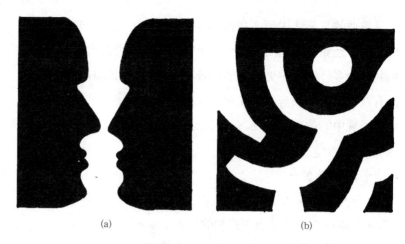

(a) 这是花瓶还是两张互相对视的脸？这个有名的例子说明一种平衡——可以是轮廓，也可以是背景；
(b) 在这个强烈互锁的抽象图案中很难指出哪个是轮廓哪个是背景

深色的方形种植地和精细的纹理突出于山坡背景之上。苏格兰的中洛锡安郡

　　关于轮廓和背景的基本规则可以归纳如下：背景不应与之竞争，如果背景的纹理和图案的连续性是重要的，则个别要素不应突出为轮廓。

在美国佐治亚州查特胡奇国家森林公园
(*Chattahoochee National Forest*) 的被森林
覆盖的绵延山坡背景下，有反光浅色表面的停
车场突出为强烈的体形

三个重要的实体：圣克罗切教堂（*Santa Croce*）、天主教堂和美第奇宫（*Medici Palace*）作为形体耸立于意大利佛罗伦萨的天际线背景之上。它
们象征着文艺复兴时期佛罗伦萨全盛时的重要生活方面，也是美第奇家族和天主教堂权力的视觉表现，以及当时在天主教圆屋顶下佛罗伦萨享有
的建筑声望的体现

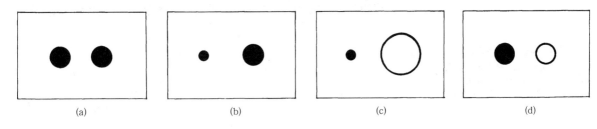

(a) 两个圆形平面在尺寸、密度和位置方面是平衡的；
(b) 由于尺寸不同，这种组合是不平衡的；
(c) 尺寸是不同的，但是小的密度较大，而大的密度较小，二者是平衡的；
(d) 虽然尺寸相同，但是密度不同，因此它们是不平衡的

结构要素

下一组原则是结构性的，即它们涉及的是设计中不同部分配合在一起的方式，各个原则之间又是互相关联的。

平衡
- 设计或构造中的平衡受视觉能量的影响；
- 影响视觉平衡的因素有方向、尺寸、密度、实体性和颜色；
- 位置对平衡有非常重要的作用；
- 在视觉平衡和对称性之间有很强的关联性；
- 景观中的平衡包括土地不同用途的相对数量。

在设计或构造中所感受到的平衡受其组成部分视觉能量作用的影响。一个平衡的设计不需要在视觉力的互相作用方面作进一步的更改。当必须以某种方式更改要素来改变这些视觉力时，就发生不平衡。

有几种因素会影响平衡。最重要的因素之一是运动方向。例如，要素向相反方向运动可以互相平衡。另一个重要因素是要素在外观上的视觉强度。大的形状比小的形状更强一些，有规则的封闭形状比不规则的开放形状更强一些，实体的形状比弥漫的形状更强。与此类似，颜色也影响视觉强度。深色比浅色强，前进性颜色比后退性颜色强。快的、长的、频繁的运动比慢的、短的、不频繁的运动强。

形状的位置对平衡有很大的影响。垂直位置比水平位置强。后者显得更稳定，因为它们与水平线有关。强调建筑物的水平屋顶可以平衡位于其下的一系列要素。平衡和对称或非对称之间存

(a) 这个抽象图看起来是平衡的；
(b) 黑色要素的位置意味着整个构造是不稳定的；
(c) 看起来不舒服，但这是平衡的；
(d) 这个应该是平衡的，但是倒置的三角形使它看起来是不平衡的

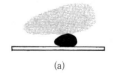 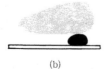 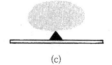 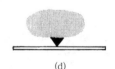

(a)　　　　　　(b)　　　　　　(c)　　　　　　(d)

在一种强有力的关系。非对称平衡可以用来创作更自由、更大胆和更随意的设计，而对称则产生有秩序的、静态的和稳定的效果（参见"对称"）。

(a)　　　　　　(b)　　　　　　(c)　　　　　　(d)

平衡和视觉力：
(a) 黑点是不平衡的，因为它看起来好像要滚到左边去；
(b) 在曲线的顶点它是平衡的，但是视觉力想把它拉下来；
(c) 点正在滚向曲线的底部；
(d) 最稳定的位置，所有的视觉力都解决了

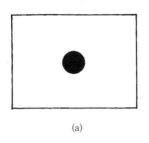
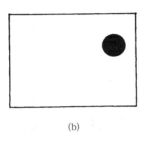

(a)　　　　　　　　　　(b)

这些点的位置影响构造的平衡：
(a) 位于中心是完全平衡的；
(b) 偏到上半部就不平衡了，产生视觉力

(a)　　　　　　(b)

(c)　　　　　　(d)

一个物体的视觉强度在变化：
(a) 密实的形状是最强的；
(b) 空心的形状强度稍差；
(c) 弥漫的形状也稍差；
(d) 最差的是空心的形状而且没有确定的边缘

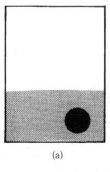
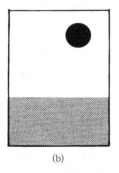

(a)　　　　　　(b)

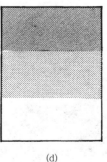

(c)　　　　　　(d)

由于点的位置在上面，(b) 的视觉强度较高；而 (a) 不仅点在底部，而且在有色调的区域。通常 (d) 的重量比 (c) 大，因为密度较高的部分在形状的顶部

一座小的建筑物在物理上是平衡的（即不会倒下来），但在视觉上是不平衡的。这是因为（a）相对于支承立柱的尺寸，屋顶的顶部太重；（b）墙板的对角线铺设方向引导着视线，似乎它会倒向右边。更粗壮的立柱和较少动态感的面板会恢复平衡

在自然景观中发生的平衡经常是不对称的。冰川带下来的大块岩石可能平衡地留在较小的岩石上。一棵树可能长得随风倾斜，一段悬崖峭壁可能显得随时都会倒下。这些例子都是真实的物理力量（而不是纯粹的视觉力）处于平衡状态，而在视觉上却感到不平衡。

在景观设计中，从特定的观点来看，平衡还包括土地不同用途的相对数量，如林地与开阔地的相对比例。每种土地的用途都在颜色、纹理、形状等方面有各自的视觉强度。它们需要平衡以免其中一个太占支配地位（参见"比例"，"规模"）。

一栋建筑物可能因其组成部分的相对尺寸而显得不平衡。所产生的视觉能量及其相对位置使它看起来好像要倾倒一般。理解了这些因素以后就可以恢复或达到平衡，并且视觉力也均衡了。

在这片山腰间由森林和白雪覆盖、轮廓分明的地区，看起来极不平衡，因为它与地形相悖，并且缺乏任何联结。加拿大不列颠哥伦比亚省罗布森峡谷

一处公园的景观构造，从开敞空间和成组的树的比例来看是平衡的。在中间距离处的成组美洲杉树起着焦点的作用并吸引着目光。英国伍斯特郡（Worcestershire）的汉伯里庄园（Hanbury Hall）

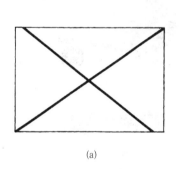

(a)

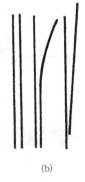

(b)

两个视觉紧张的简单例子：

(a) 一条直线不像我们所期待的那样与矩形的拐角处相交；

(b) 所有的直线应该是平行的，但有些被拉开了

　　用一个视觉重量强的小要素来抵消视觉重量弱的大要素可以使设计平衡。如果将一栋建筑物的门涂以光亮的强色（如红色），它就可以平衡浅色建筑物的其余部分。深色屋顶有更大的视觉重量，显得可以压住建筑物，从而有助于平衡（参见"颜色"）。

张力

• 张力发生在视觉力有冲突的时候；

• 张力可以增加设计的活力；

• 消释的张力可以是动态而和谐的；

一条运动着的线停在密度高的黑色板条上。由于线条有被压缩的感觉，消除了一些张力，但是仍然有张力存在

• 对景观中视觉力做出响应的线显示出消释的张力；
• 物理上的紧张消释以后仍可能有视觉上的张力。

　　张力是视觉力冲突的结果。它会以某种方式导致不平衡，但它会增加设计的活力。

　　所有的形状都或多或少施加着视觉力。当它们冲突时，或者当一个施加强大视觉力的形状显得与较弱者有矛盾时，就会产生张力。这与卷簧在物理力的作用下处于紧张状态的效果相似，在视觉上产生张力。只有张力状态被释放时，才能达到均衡或平衡。这种释放可以产生与未释放的张力一样多的活力，但是更为和谐。一条路沿着山坡向下而不是拦腰切断，形状与视觉作用力的方向平齐，这个占主导地位的形状对其他较弱者施加影响，所有这些都使张力消释而又保持活力。

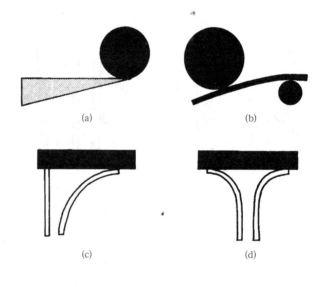

视觉重量或强度发生冲突时就产生张力：
(a) 对于密度较小的三角形来说，黑盘的视觉重量太大，从而引起张力；
(b) 视觉重量显得在使这条线弯曲，从而引起张力；
(c) 一个支柱是弯的，重的黑板条似乎要倒向右边；
(d) 两个支柱都响应着视觉重量，因此更多地消除了张力

由 V 字形状建立的强烈主导运动被粗黑条阻挡，引起未消释的张力

132

　　未释放的张力可用于特定的目的，例如一个艺术家或一个雕塑家希望在观赏者中引起特定的情感。适度的张力可以用于使观察者失去平衡，提高突然出现的景色或体形的生动效果——勾起期望而用意料不到的方式予以满足。

　　必须记住，在物理上的张力（或压力）已经释放的形状中，如桥梁和桁架，从某种角度看，仍然会有视觉张力。这种要素的混乱经常可以通过分等级的图案来解决：如用颜色标出主要结构组件等特定的部分。

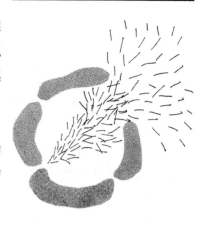

一种爆炸式运动，灰色形状有一个开口让小的线性形状以爆炸方式逃逸：张力被释放，在围合形的出口点，运动变得缓慢了

植被形状与下面的地形强烈冲突，特别是三角形状表示朝向山顶的方向，但是主要的视觉力是从山顶向下走的（参见"视觉力"）

苏格兰福斯铁路桥的景色。由于纵架交叉引起的视觉混乱产生紧张感。引起这种感觉的部分原因是缺少明显的结构等级以及结构元件在方向上的变化

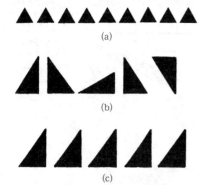

(a)

(b)

(c)

(a) 以同样间隔重复的一组三角形。我们的目光沿着它们扫描，读取间隔并开始感知其中的节奏；
(b) 另一组三角形，由于位置和方向的变化，显然没有任何节奏；
(c) 同样的三角形以相同的间隔和方向重复，建立了比 (a) 更强的节奏，因为这里有清晰的自左向右的运动

节奏

• 如果相似的形状在一定的间隔内重复，就产生节奏；
• 形状是建立节奏的重要变量；
• 自然节奏比人造节奏更为不规则；
• 节奏可以是简单的，或者是复杂的；
• 节奏用作重要的结构措施把设计带到生活中。

相似的要素以相当规则或相似的间隔重复就产生节奏，如果还有强烈的方向感，则更是如此。

由于形状是最强的变量之一，相似形状要素的重复是产生节奏的最强手段。形状的类型可以影响节奏发展的方式，例如，一条线可以有一种懒散而缓慢的运动或者快速而断续的运动。

(a)   (b)

(a) 从上到下，随着方向感的增强，节奏感也增强了；
(b) 第二个图案中有两个方向，因而有两种节奏，而且是断续的

德国科隆建筑物的屋顶。由于形状和重复，屋顶从左到右，存在一种强烈的方向节奏感

这些屋顶的重复形状，虽然没有按照相同的方向，但创造了多种节奏，这些节奏有利于整齐划一，否则就会造成混乱的后果。日本 *Ise Jingu, Ise-Shi*

节奏可以在任何方向上发生。线性水平节奏可见于屋顶的形状、立柱的线和风吹成的树形。垂直节奏发生在教堂屋顶的重复形状或不同高度的树冠。它们还可以是三维的，如地形的重复。人造的节奏倾向于是规则的，而在自然界则有更多的不规则性，例如沙漠上的波纹或反映波浪运动而冲刷上岸的海藻。

节奏可以是组合的，由一群而不是单个的形状重复而成。在田野上重复的密集花簇图案引导目光从一处转移到另一处，形成某种涌动。

更加复杂的节奏包含一个或多个叠加的简单节奏，就像较慢的线是由多个较小而较快运动的形状组成。这种叠加也可以包含方向上的改变，产生无休止的对位的运动，其速度可以相同，也可以不同。利用这种作用，可以创造非常动态的设计，除非因为在竞争的节奏中有等级之分，引起紧张和中断。

节奏可以是非常有用的方法把构造的各部分组织在一起。这是把设计带入生活的主要手段之一，可以使原本无趣的结果更精细。作为依赖视觉力进一步提高设计的手段，这是特别有用的，如一条路，森林边界或任何两个形状的边缘，它们都已经在某种程度上反映底层地形的节奏。可以利用节奏把建筑设计的很多细节更成功地带入构造中，起一个装饰性或功能性的作用。所有这些方面有助于把所有的要素紧紧地连接在一起，达到统一。

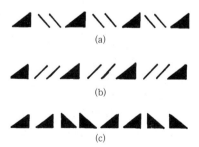

节奏可以同时在几个方向上起作用，只要一个比另一个更强。*(a)* 中的三角形比直线强；*(b)* 中的节奏在一个方向上比较易于看清；*(c)* 中二组三角形有同等的强度，看清其节奏不太容易

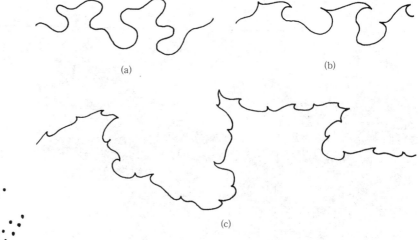

(a)

(b)

(c)

(b) 图比(a)图更有动态节奏，因为目光可以看到点，把它们理解为节奏是比较容易的；在(c)中思路进一步发展，主要的节奏在较大规模上，而且在较小的尺度上沿线重复

由很多点布置成的形状。它的边缘和较密的点簇产生"有机"的节奏

在退潮后形成的海滩沙地上的波纹有不规则的节奏，反映着波浪运动。在沙滩的不同部分，图案是不同的

重复的地形、连绵的山梁和峡谷，在侧光照射下更为突出，创造出多种节奏，而节奏又强化了对地形视觉力效果（参见"视觉力"）。加拿大不列颠哥伦比亚省弗尼（Fernie）

比例

- 比例涉及要素和要素中的各部分互相比较的相对尺寸；
- 直观的比例依赖于"试验失败，失败了再试验"的原则；
- 经典的规则包括基于在一定尺寸的矩形上所作的黄金分割；
- 延长黄金分割所得到的螺旋线见于很多生命机体中；
- 五角形和黄金三角形与黄金分割有关；
- 斐波纳契数列也产生对数螺旋线；
- 在艺术、建筑和正式的景观设计中经常用到黄金分割；
- 在不太正式的景观中不可能准确应用黄金分割，但可以用"三分法则"来代替。

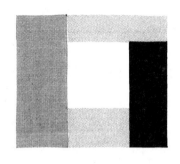

一个"直观"比例的例子。形状分部的相对尺寸使它们"感到"合适，看起来很舒服。如果对这样的构造进行分析，可能会近似于某种数学比例

　　任何设计或构造都是由多个要素或要素的一部分所组成。它们的相对尺寸，即它们发生的比例对达到视觉和谐和统一是非常重要的。好的比例可以用多种方法得到。达到好的比例有很多方法，虽然这些方法依赖于规则，但也可以采用基于"试验失败，失败了再试验"的更为直观的方法。例如，可以用这种方法找到正方形分割为矩形的相对尺寸，并产生非常和谐的结果。很多设计依赖于这种方法，因为有些情况不允许采用下面将要讨论的更正式的方法。

　　从远古时代起就使用基于各种数字比率的比例法则。这些法则中最重要的是自古埃及和古希腊起就一直应用的黄金分割。比率 1 ∶ 1.618 用于建造一个矩形，其短边长度为 1 个单位，长边长度为 1.618 个单位。每次从矩形中去掉一个正方形，剩下的小矩形仍然有相同的比例。反过来，在矩形的长边上添加一个正方形或可以得到更大的矩形，仍然有同样的比例。

　　如果继续这种添加步骤，就会生成不断增大的螺旋线。这种螺旋线常称为"生命曲线"，因为可以在很多生物的生长中找到，如软体动物的壳、树叶围绕树干的布置和尺寸。螺旋线是对数的，它的不断增长的比率由黄金分割决定。

　　另一些相关形状有五角形。五角形的比例和角度与黄金分割有关，黄金三角形的形状是由五角形和黄金分割衍生出来的。黄金三角形曾被制图员使用，它是更细微比例的工具，不像现今常

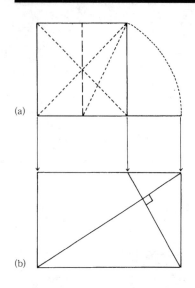

两个自然界"生命曲线"的例子：
(a) 螺旋状的贝类生长线；
(b) 蕨类植物的叶子展开变直，形成对数螺旋的形状，也符合斐波纳契级数

用的 30°/60° 三角形是由六角形衍生出来的。五角形也常见于许多植物的基本形状，如很多花中的花瓣排列。

与黄金分割有关的数学数列是斐波纳契数列（1，1，2，3，5，

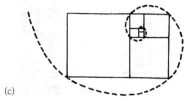

黄金分割：
(a) 一个正方形沿一条边向内缩回半个边长作为圆心；
(b) 从如此生成的矩形的一个角点向另一个对角线作垂线，并与原有正方形的边相交，其交点正好是原有正方形的一个角点。矩形的边长比为 1：1.618，其中 1 是短边的长度，1.618 是长边的长度；
(c) 在矩形的长边上再加一个正方形，又生成一个符合黄金分割的矩形。如此进行下去后，把每个矩形的外侧角点连起来，生成一个不断扩大的对位螺旋线，常称为"生命曲线"

五角形：
(a) 角度和比例符合黄金分割；
(b) 直角三角形可以从五角形中衍生出来（黄金三角形），过去它曾用于制图；
(c) 两朵五瓣的花，它们的比例符合五角形，因此也符合黄金分割

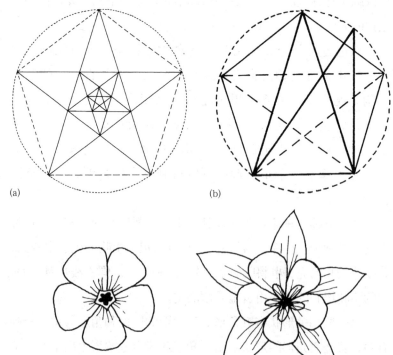

8，13，等等），其中每个数是前两个数的和（也是黄金分割的现象）（参见"数字"）。它也产生在植物生长中可见的螺旋线。

人们试图把人体的比例与黄金分割联系起来，如莱昂纳多·达·芬奇（Leonardo da Vinci）以及更近代的勒·柯布西耶（Le Corbusier）基于1.829m（6英尺）高的模型人产生了一个比例模度。

在建筑、艺术中，黄金分割法则用于在油画和景观设计中配置要素的比例和位置，特别是有单个观察点时。但是在很多情况下很难评价和使用黄金分割。很多景观中的平衡取决于如何从多种角度看东西。花园平面布置或建筑物的立面比较易于达到精确的比例。

如果景色随位置和角度而变，或者景观和地形不规则，特别是地形不规则则希望有更实际的方法。这就是"三分法则"，是从黄金分割中衍生出来的。这个法则简单地指导在构造中各要素

雅典的帕提农神庙（Parthenon）：整个建筑与其各分部的比例符合黄金分割

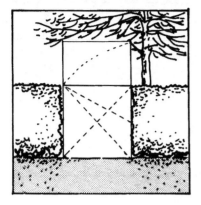

在设计中黄金分割可用于确定构造各部分的比例。本图中开阔地的宽度和树冠高度之比是按此计算的

比例的一般平衡。例如，开敞空间对林地，屋顶对墙。如果景色的一部分通过一半的视野起支配作用并把其余部分统一起来，如果把设计的各部分按 50：50 的比例分开，就不会有一个要素起支配作用，其结果看起来会不太舒服，而多于 2/3 的部分会占有主导位置，甚至有一种压迫感。因此，一般来说，1/3 或 2/3 的比例会好一些。

这个法则在调节要素的面积或体积的比例（不是调节尺寸）时特别有用。建筑物的立面可以分成 3 份，如屋顶平面对墙，门对墙，一种材料对另一种等等。景观中林地的面积或林地中空地的面积可以进行安排，使得从多个地点来看，它们占据 1/3 或 2/3 的视野。这不是说在平面图中必须有 1/3 或 2/3 的测量过的面积。

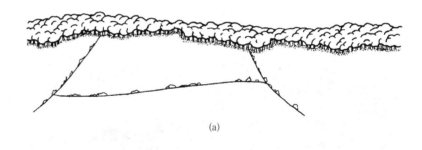

(a)

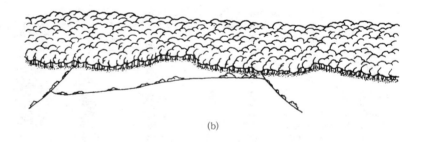

(b)

三分法则：
　(a) 在此景色中少于 1/3 的部分看起来不舒服；
　(b) 50：50 的分割也不舒服，没有一个要素占主导地位；
　(c) 1/3 的林地对下面 2/3 的开阔地是较好的比例

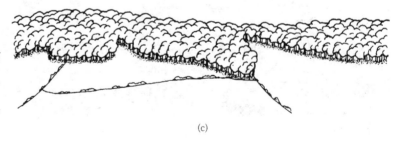

(c)

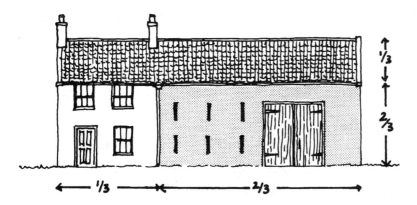

可以用三分法则把建筑物分成比例。老农舍和谷仓的建造大致如此，包括屋顶与墙的比率以及房舍墙与谷仓墙的比率

三分法则也有其应用历史。英国的景观园艺家汉弗莱·雷普顿曾经用它把树的质体和开敞空间分成正确的比例，也在设计种植平面图时用过。2/3 的面积植一种树，余下的 1/3 是混合品种以便维持占支配地位的要素（参见"多样性"）。如果从远处和近处都能看到比例，则更有感到和谐的好处（参见"等级"）。

规模

- 规模涉及要素相对于人体和景观的尺寸；
- 如果不与我们自身或已知尺寸的物体相比较，就无法估计要素的尺寸；
- 在观看景观的不同部分时，规模不断地在调整；
- 规模的变化取决于景观的尺寸和观察者离开景观的距离；
- 规模与景观的围合程度互相作用；
- 设计需要在所有的规模上解决问题，因为从一个观点看到的背景会成为从另一个观点看时的前景。

规模与比例有关。这是在视觉上对要素的尺寸和数量进行平衡的问题，即在整个设计与构造中要素和人体尺寸或景观之间的平衡。规模的最重要方面是我们感知周围环境相对于我们自身尺寸的方式。只有当我们与自身比较时，才能真正估计某件东西有多大。当我们同时注意到远距离的东西、中间的地面和最近的前

(a)

(b)

(c)

(d)

规模是与人体尺寸相关的：
(a) 纹理表示石头是地面；
(b) 它们看起来是一堆石头；
(c) 大石头与人一样高，是单独的；
(d) 岩石比人大，因此难以评价全部形式

景并注意到它们之间的距离时，我们不断地调整对规模的感知，连续地分级。这改变着我们对所见到的东西的感知及我们见到时的确定程度。如果在规模等级的连续性上没有突然的断裂，看起来就更和谐一些。如果从一个规模到另一个规模中间有突然的变化，就不和谐了。

根据观察者离开景观的距离和所能看到的景观数量，规模在水平和垂直尺度上都会改变。一个景观会显示出大规模，如果它可以从远距离看到。景观的实际尺寸，如山的高度，不总是决定性因素。如果一个近的景观占据了观察者的大部分视野，即使它的垂直尺寸并不是非常大，也可以觉得是大规模的。

由于一个空间的规模是高度和距离的组合，我们对围合的感觉取决于围合要素的高度和它离开我们的距离。这里有个限度，给定高度的要素如果太远就构不成围合。如果太近就会使人感到压抑。

我们对景观的感知是不断变化的。远距离观看开敞的空间和天空时，一些形体好像是背景图案或纹理的一部分。到了中距离

(a)

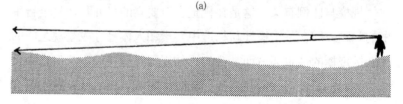
(b)

(a) 一个大规模景观的例子：景色有很远的水平距离，但垂直方向的变化很小。肯尼亚马萨伊·马拉 (Masai Mara) 国家公园；
(b) 在这类景观中观察者注意到距离

(a)　　　　　　　　　　　　　　(b)

(a) 一个大规模的垂直景观：高度的差异很大，但距离相对较小。美国怀俄明州的大蒂顿国家公园（Grand Tetons National Park）；
(b) 观察者不得不适应宽的视锥角

荷兰布热达一个小规模景观，树木围成的空间是需要注意的重要方面之一

143

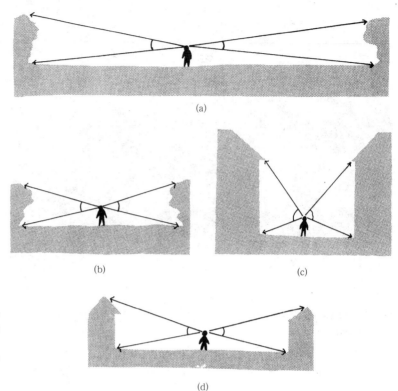

(a)

(b)　(c)

空间规模的程度取决于围合要素的相对高度：
　(a) 较宽的空间会显得有更大的规模……
　(b) ……围合要素有同样的高度，但空间
较窄。围合程度好像有压抑感或在尽头感
觉不存在；
　(c) 和 (d) 围合要素的高度相对于空间是
变化的

(d)

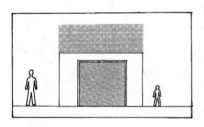

在隔离状态下很难说出一个物体的规模：这是
一个大的还是小的建筑物？只有在旁边有人或
已知尺寸的物体时才行

时，个别的形体从背景中突现出来并形成自身的形式（中间的地面）。到近距离时，我们集中注意较小的物体和景观中的细节（前景）。可以理解的是，任何想要跨越这些规模的设计需要注意所有三个距离，因为观察点是变化的，在一个视图中是前景的东西会成为另一个视图中背景的一部分。

这个有着列宁塑像的广场规模宏大，为的是给
人们留下苏维埃国家强势的印象。塑像和建筑
物的比例共同起作用，但比例严重地夸大了。
俄罗斯圣彼得堡

144

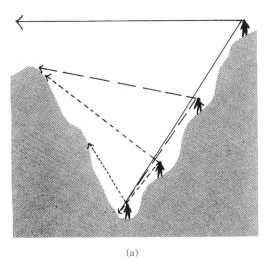

(a)

(b)

(c)

(d)

(a) 景观规模的感受由观察者的位置决定。在谷底感知的规模是小的，随着可以看到的景观增多，围合的感觉减少，感知的规模也逐渐增大，在山顶看时，视野扩大到山谷以外，感知的规模也达到顶点，以下系列照片，以意大利多洛米蒂山脉为例描述了这一点；

(b) 山谷往下，较低的坡地为这个村庄提供了一个中等规模的环境，而房舍和环境相得益彰；

(c) 往部分山上走，视域开阔，地形显得更大更广，一座大山开始从近处后面的山脊出现；

(d) 从山的顶峰看，景观显得规模雄伟，而谷底的房子同背后有着峭壁的大山相比，就好像是小玩具。森林的简单，浩大模式同地域规模非常协调

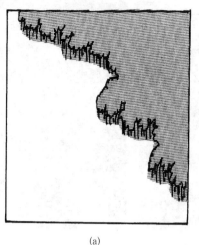
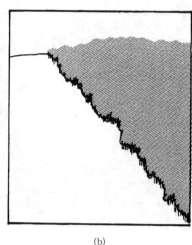

规模和距离有各自的效果：

(a) 沿林地边缘的形状看上去很有趣味；

(b) 但从远处看，总的印象是一条直线，只是在沿线有少量小规模的变化

(a)　　　　　　　　　　(b)

一个观察者的高度也改变对规模的感受。一个例子是在山谷里看和越过山谷看。在谷底时距离短，视野有限，地形的围合感很强，有一种规模较小的感觉。从围绕山谷的山顶上看，山谷是规模大得多的景观的一部分。在山谷的中途，规模在两者之间，暗示从谷底到山顶的规模是分级的。这一点对设计有非常重要的含义，因为如果小的要素位于景观的又高又大的部分，它就会丧失比例，而大的要素正合适。因此需要小心保证在设计中考虑景观的规模。做到这一点是不容易的，除非估测了从所有角度观看重要景观的规模。在另一些情况下可以单凭经验测试观察者相对于物体高度的距离，并用互锁和围合来控制。

巨大的物体很难与不是最大规模的景观相匹配。例如，大的发电站会把所有周围的东西变矮。我们需要有人体尺度的物体在它的旁边以便记录它的规模。如果设计保持简单，并把能使我们估价规模的所有下一层的细节都删掉，就可以减小外观上的规模，减轻冲击。

秩序

以下五项原则涉及在设计、景观或构造中的秩序。任何设计都要有它的秩序，轴线和对称性原则的应用可以产生非常整齐匀称的结果。等级不需要太正式，它是任何设计中有用的手段。基准是组织要素的另一种方法，使我们能找出图案，转化是跨越不同格局边界建立秩序的方法。

轴线

- 轴线是围着它安排要素的线；
- 在设计中这是非常正式化的手段；
- 在显示权力象征的设计中经常可以找到轴线；
- 轴线可用于把目光从设计的一部分导向另一部分。

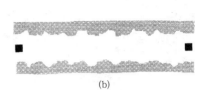
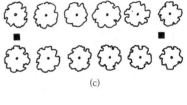

轴线是一条线，实的或者隐含的，几乎总是直的。要素围着轴线布置，它是简单而有力的手段，用来建立空间秩序和规则。它是远古文明最早使用的手段之一。最基础的是联结两个焦点的想象线。如果被轴线沿线的要素加强并赋予空间定义则更有作用。它们可以是城市中建成的形状，如巴黎的爱丽舍宫，或者是林荫道的形式，如欧洲一些大的狩猎森林。

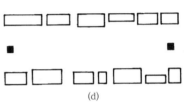

轴线在设计中是非常形式化的手段，可以用来对本来分散的要素进行强有力的控制。这是因为它倾向于支配构造中的其他组织方面。因此，只要在设计中有某种象征性的方面，它总是用得最多的，如在凡尔赛这样的经典景观中，人支配自然是重要的题材，在梵蒂冈的圣彼得大教堂或在墨西哥的阿兹台克，要显示出宗教仪式和宗教权力。还有在某些配置中隐含的统治象征，如罗马尼亚的布加勒斯特在共产主义制度下的大规模重新设计使它成为巨型轴线式布置，或者由奥斯曼（Hausemann）设计的巴黎林荫大道。

(a) 实的或者隐含的两点之间连线是轴线；
(b) 在植被质体之间由线性空间定义的轴线；
(c) 用于标记一条轴线的林荫道；
(d) 定义轴线空间的建筑形状

(a) 水平线上有一个点，地形是平的；
(b) 平行的树林确定一个空间并建立一条轴线把点与景观联结在一起；
(c) 和 (d) 点位于山上，质体的安排不太对称，效果是一样的

(a)　　(b)　　(c)　　(d)

墨西哥的特奥蒂瓦坎 (Teotihuacan) 城的古老礼仪城的布局,提供了一个大规模轴线布局的样例。
在此例中，从太阳神庙看，这样的设计表现了修建它的统治者们的权力和威望

组成罗马圣彼得大教堂礼仪通道的轴线。采用这种手段强调了教皇的象征性的和真正的权力

　　轴线的使用还可以与其他措施结合在一起。或者调节成不太刻板的外观。有时轴线可以用于把目光从设计的一部分引导到另一部分。在圣彼得堡的彼得霍夫，轴线从喷泉瀑布开始，做成小水道，穿过公园往前延续，以便把陆地同海洋相连。

　　林荫大道是建筑师们喜用的设计元素，并且易于建造，但是它们不是真正的轴线，除非它们有引导目光的聚焦点。

对称
- 对称的构造显得非常整齐、稳定和宁静；
- 对称可以是双向的、万花筒式的或二元的；

- 双向对称或"镜像"对称是最简单和最常用的形式；

- 二元对称不太稳定，一般用于精细的艺术中；

- 不对称的设计，即缺乏对称性的设计，是不整齐的，不够静宁也不稳定；

- 自然景观一般是不对称的；

- 在不对称景观中的对称形状会引起视觉紧张；

- 如果有序地进行设计，对称和不对称是可以结合在一起的。

对称是涉及构造中部分与整体关系及其平衡的又一个原则。对称的构造一般表现得非常整齐、稳定和宁静，而不对称的设计代表其反面——不稳定，虽然不一定是不平衡的、不宁静的和不整齐的。

双边对称是最常见的类型，物体的一半是另一半跨过中线的镜像。这也是最简单的。它可见于人体、很多树叶、一些花朵中，在很多花园设计中与一条轴线相结合。在古典建筑中它是重要的部分。在自然景观中则是少见的。有些冰川峡谷有几乎完美的 U 形截面，但通常在地形上很不对称，因为侵蚀力一般是在特定的方向上作用的。

两侧对称的例子。形状只在一个平面内跨过中线重复

万花筒式的对称也是相应部分的准确重复，但是在中心点的周围有两个以上的重复。在自然界这是更常见的——很多花及水母等低等动物。在建筑形式中也广泛使用，如穹顶形建筑。在花园中可见于复杂的花坛，特别是古典设计的花坛。

第三种对称指的是二元对称，一个影像由两半组成，它们不完全一样，但好像要互相竞争。目光试图把它们融合为一体，因此不如其他形式稳定。它用于精细的美术，希望有一种特殊的模糊不清。二元对称也可以是象征性的，存在于很多阴阳、正负的东西中。

不对称一般可在自然地形、植物生长中见到，这是外力作用的结果，如在自然森林中由火和风造成的自然植被。在自然景观中人造形状是对称的，这是造成视觉紧张和丧失统一的又一个原因，特别是如果地形也非常不对称。形状的兼容性减小了或消失了（参见"形状"）。

万花筒般的对称。每个部分跨过三条线映射

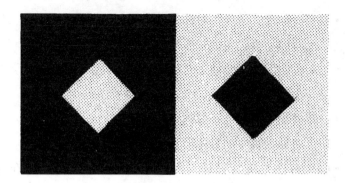

二元对称：我们的眼睛试图把黑色的菱形转置
到黑色的方块中

在印度的泰姬陵 (Taj Mahal) 就是一个二元对
称的样例。对称向建筑物两边的两座清真寺延
伸，但在这张照片中看不到。其中一个清真寺
是真实的，并且朝向麦加，另一个则不被使用，
因为其朝向错误，而为的是使对称完美。对称
通过反射池得以强化，而池子又把人们的目光
聚焦于对称的轴线。

在很多设计中不对称用于营造不太正式和放松的效果。偶尔
两者也混合起来用。一栋建筑物可以由一段完全对称的部分和另
一段使整体不对称的部分组成。建筑物适应于现场，而不是强加
在现场之上，如随山坡逐级而下，也会导致不对称。建筑物随着
时间不规则地增长也会倾向于不对称。

伦敦的圣保罗大教堂 (St. Paul's Cathedral)。
穹顶由围绕中心点的扇形组成。这是万花筒式
对称的最好的例子

在德国巴伐利亚的 Neuschwanstein 怪幻城堡，
就是一个旨在平衡却又不对称的设计样例，尽
管建筑物有些部分本身是对称的

等级

• 设计的很多方面要求有些部分在视觉上是支配性的；

• 很多自然格局表现出在功能或生态上的等级；

• 还有与景观规模有关的等级；

• 在居住形式中视觉等级可以从社会结构、规划分区中衍生出来，或由于经济因素而产生；

• 交通格局也是分等级的；

• 建筑上要用空间和功能上的等级；

• 装饰也可以给一个等级。

如我们已经看到的，设计的很多方面要求一些部分明显地更重要或者在视觉上支配着别的部分。这意味着，在更复杂的构造中最好要有一个清楚的等级以便在部分与整体的关系中建立秩序。应用很多至今已经涉及的组织原则就可以达到这一点。演示设计中的小细节和主要结构部分的相关性也是有用的。

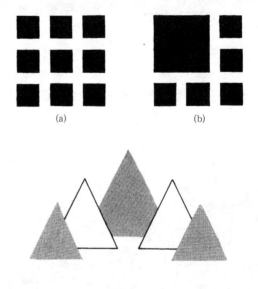

(a) 一组正方形平面，没有一个比别的更重要；
(b) 一个正方形比别的大得多，分出了等级，因此在构造中有了某种秩序的感觉

(a)　　　　　　　　(b)

三角形的位置和逐渐增大的尺寸建立了这一组的等级秩序

一个单一形状有一个总的结构，下面有重复的形状

威尼斯圣马可(St. Mark)基督教堂。重复形式（拱形）的使用是有它们的等级次序的

　　等级常见于自然界，它反映了在自然构造中不规则碎片几何的存在，这帮助我们理解功能方面和生态方面的格局。从泉水汇合而成的小溪，通过汇流渐渐增大直到成为一条大河。这样的格局可以显示清晰的重要性次序。在植被中某些物种或其集合在一些地区是支配性的，如森林中的树木。

　　从山顶到谷底，在规模上也有等级。它能用于林地的设计，较大的区域在山顶，较小的隐藏在下面（参见"规模"）。在历史上还可以从田野的格局看到等级，在较高的不太肥沃的土地上（与山下的富饶的谷地相比）必须有较大块的田地，虽然有了现

153

代的耕作机器以后可以有另一种方式工作，最大块的田地总是在最好的土壤上。

在居住格局上，经常在一些建筑物的位置、尺寸上有清楚的等级，如教堂或寺庙、城堡或宅邸相对于农舍和村舍。这不仅是视觉上的，也是社会上的等级，象征着权力和影响。等级的发展也归因于规划和经济因素，如城市中心有金融和办公区段，工业则在离此更远的区域再往远处则是居住区。

功能性等级可见于道路、小径和其他交通网络，与它们的重

这所房屋立面的设计表现出光洁度和纹理上的等级，从地基上的石雕工艺图案到越来越细的纹理到用作装饰的古典高石柱。其结果是把立面的规模和比例分解了，引入了一定程度的细节，可以从不同距离和不同规模上看出来。爱丁堡的新镇（New Town）

要性有关。与此相应创建了一种视觉格局和景观结构，特别是在美国这样的地方，近来土地使用格局中的每一件东西都与网格有关。快速路、高速路和其他不太重要的路都是从这个网格中衍生出来或者明显地相交在网格上。

地形能显示等级结构，从主要山脉到系列山脊或峡谷，逐一指引。此例由于草植不多而清楚地表明了这一点。美国爱达荷州

在建筑上，等级用于空间、形状和功能。大的形状可以分成若干小的，其中有一个是支配性的，还有若干越来越低的受支配的部分。装饰也可以表现出等级，例如在乔治王朝时期的房子的分层中，石头装饰的类型和壁柱上的经典式样是有变化的，从最底层的"乡村气息"到高层最精细的科林斯柱式（Corinthian）。颜色也可以有浓度和色值的顺序，它也是有等级的，与功能有关，如门要涂以亮色，墙是次亮的，屋顶最暗。

基准
• 基准是一个基本要素，在设计中用作其他组成要素的参照物；
• 一个点可以作为一个中心，要素围着它安置或从它得到控制；

· 一条线有多种方式用作基准。它可以是实线，也可以是想象线；

· 一个平面为其他要素的位置提供参照物；

· 实体和开敞空间的作用方式与点和面一样；

· 时间可以作为事件和景观变化的基准。

　　基准指的是用点、线、面和体为设计或构造的空间组织及其组成要素提供参照物。

　　一个点可以作为一个中心，要素可围着它转，就像太阳控制并组织太阳系中的行星一样。一个点也可以作为轴心，机器的运动部件围着它转动。它也可以作为中心点，要素围着它聚集。例如，教堂的塔可以作为村庄的焦点。一个实体也可以起同样的作用。一个点可以提供一个基准，辐射出要素，如灯塔为海上的船舶提供参照点。从一个节点辐射出来的小径也提供了基准。美国犹他州的盐湖城有一条"子午线"，它就是一个基准点的例子。整个城市的布局是参照它来组织的。所有的街道从这里开始计数并命名。

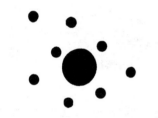

一个大的点（或小的平面）起着基准的作用。周围群集着许多较小的点

　　线用作基准比其他要素更常见。这可以是一条真实的线，如一条路或一条小径，房屋和居所依此排列。线也可以是平面的边缘，如各种建筑物围绕城市广场安排和组织。在"形状"一节中曾经说过，眼睛试图从混乱的外观中找出组织情况，而识别形状是有力的方面。

一条隐喻的线把点联结在一个结构中

　　通过一个要素到另一个要素的想象线也可以是基准，我们可以由它而看到形状。一个圆圈可以由间隔很宽的石头组成，我们可以识别联结它们的线并按一定的次序识别其图案。

　　在很多例子中可以见到平面用作基准的情况。地板平面可以用来组织在平面上放置的物体，如草地上的雕塑。墙面可以提供背景来安置门、窗等要素。

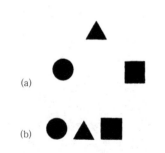

(a)

(b)

(a) 三个小平面，它们在位置上没有任何结构；
(b) 把它们沿水平面排列，就有了结构

　　想象的基准平面是地图制作者标记零高的测量基准，如海平面。它用于组织与它有关的地面。

　　实体提供的基准既是实体，与点一样，要素围着它安排，也是开敞空间，如宽的通风屋顶，聚集、组织和围合着很多要素。这样的实体必须有足够强烈的形状，通常是相当简单的形状，以

(a)

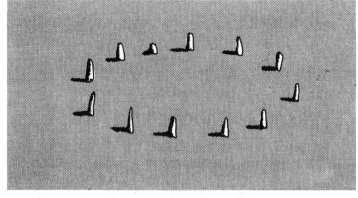

(b)

(c)

(a) 地平面起着基准的作用，上面放着一些小的实体；
(b) 地平面对于石头位置来说是基准，而石头本身是围着假想的圆圈排列的；
(c) 墙面是窗和门的基准

法国凡尔赛宫花园中的这些雕像占据着树篱中的适当位置，树篱是基准，局部地围合了雕像。另外，水池是另一条基准线，因为成排的雕像映射在水中。再则，水平面是喷泉的基准（拍照时喷泉没喷水），实际上是整个复杂构造的基准。还可以看到背景上的树与树篱线的关系

157

墨西哥房屋这种朴素的墙体，为众多十分华丽的门窗起着基准平面作用，如果墙体更具特色，那么这些门窗就不会这么引人注目了

在马德拉群岛（Madeira，北大西洋中东部，1420年为葡萄牙占领——译者注）这种地形中，房屋似乎都彼此相连，群集一起，或者星罗棋布，这是因为在这种陡峭难行的地势里，他们需要进出通道，而这些道路就用作基准线

便认作更有支配性的要素（参见"等级"）。森林的树冠、大工厂的连续式屋顶、机场航站或体育场都有这个功能。

在自然界，时间经常被感知为线性的（从过去通过现在到将来），有一条发生事件的连续线。以这种方式，时间可以作为景观生长、衰败、一个过程和改变的基准（一个基础时间或起点）。

转化

- 功能、规模随时间的变化或改变可以表现出空间上的逻辑或当时的组织，这又可以认为是转化；
- 自然格局或土地利用情况从一种转化成另一种；
- 景色随时间而转化；
- 在设计中，转化用于景观中不同的特征、状态或部分。

景观或设计的很多部分在功能、规模、自然过程或随时间的发展上是不同的。如果各种空间的或时间上的变化按逻辑顺序排序，则我们经常能感知到转化。

在自然界有空间的转化，从一种格局转化到另一种，如从开阔的水面通过不同程度的湿地转化为陆地，或者从草原到森林，在林地的面积和树的数量上逐渐改变。土地利用格局所表现出来的转化在于耕作强度的逐步变化或在土壤和气候改变时变为放牧。这些转化是和谐的、有秩序的，紧密反映着物理条件。

在很多情况下可见随时间发生的转化，例如，毛毛虫变为蝴蝶，植物的生长，时尚的改变或材料的使用。我们见到最近犁过

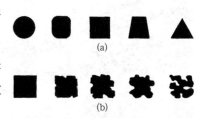

(a) 形状从圆形经过方形转变为三角形，中间还有过渡的形状；
(b) 几何形状逐渐转变为有机形状

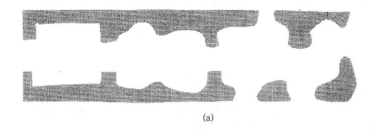

(a)

(b)

(a) 空间的转化：从几何的整齐形状到不太整齐不太对称的形状。这种转化在花园和公园的设计中已用了许多年；
(b) 空间／质体的转化：左边质体很少但空间占支配地位，右边主要是质体而空间很少

景观的格局在逐渐转化，从谷底照料得很好的光滑的绿色田野转化为有不规则纹理的草地和矮小的林地，最后转化为山顶的粗壮的森林。规模也在转变，从底下的小块田地到高处的大规模格局。威尔士的斯诺登尼亚国家公园（Snowdonia National Park）

这里见到的是前景中整齐的花园通过草木区转化到远处山顶的景色。这是更宽景色的象征。威尔士的圭内斯郡（Gwynedd）的博德南特花园（Bodnant Gardens）

160

的地转化为亮绿嫩枝的海洋，再转化成金色的、沉甸甸的、成熟的粮食和收割后的剩茬，一切都发生在相当短的时间范围内。

花园和公园的设计者早就用转化来突出空间设计（整齐到不整齐，小规模到大规模，几何形到不规则形），如从非常整齐的花园、水池、雕塑和靠近经典房屋建筑的修剪过的树篱到远处不太整齐的草地的过渡。在反映更自然景观的设计中可以用不同的方式来利用转化。在森林中，可能希望用各种形状，从靠近田地格局的正规形状到高处山坡的更自然的不正规形状（在山坡上，地形和自然植被的格局成为支配性因素）。

在时间和空间上都很明显的转化可见于许多城镇，它们已经发展了很长的时间。从罗马或英国一个古老城镇的古老核心行进到现代的外围郊区可以经过许多中间时期的街道和建筑风格，多少是按线性顺序布置的。

第四章
案例研究

案例研究一

加拿大渥太华文化博物馆

参考文献

案例研究二

爱尔兰威克洛郡（Co Wicklow）的

鲍威尔斯考特宅邸花园

案例研究三

苏格兰斯特灵郡（Stirlingshire）的

斯特拉西尔森林

第四章
案例研究

到目前为止，我们从特定的设计角度看了一些例子。第三章强调了需要满足视觉设计的三个目标，即统一性、多样性和地方特色。现在要把所有这些放到一起详细研究三个案例。

所选的例子反映设计中完全不同的方面：案例一主要是建筑方面的，案例二是大规模的花园，案例三涉及的是野外的乡村景观。在每个案例研究中我们可以看到设计是如何完成的，对工作的主要影响是什么以及最终是如何达到设计目标的。

案例研究一
加拿大渥太华文化博物馆

在加拿大首都渥太华市的加拿大文明博物馆是 1989 年完成的。设计者是加拿大建筑师道格拉斯·卡迪纳尔 (Douglas Cardinal)。这项设计作为竞赛的结果出现于 1983 年，虽然最终结果已经大大偏离了最初的概念。

场所

场所的布局在某种程度上是由其位置洛里耶公园 (Parc Laurier) 决定的，它位于渥太华河魁北克侧的岸边，正对着议会的联邦院和其他政府大楼。另一个与场所有关的主要影响是笔直的洛里耶礼仪大道 (Rue Laurier)，它与河平行，它的轴线跨过河流指向和平塔 (Peace Tower)。该场所被定为博物馆馆址已有多年。它占地 9.6 公顷，但有一半易受水淹。南面是一座森林产品工厂，北面是亚历山德里亚省际大桥 (Alexandria Interprovincial Bridge)，西边是洛里耶大道。因此该场所向东

165

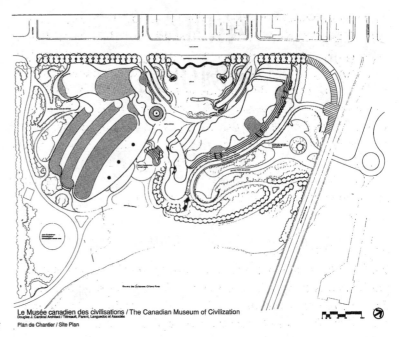

加拿大文化博物馆总·平面

跨过河流可见议会大楼的全景及其坐落的石灰岩陡坡。该场所有很好的通道，主要是从洛里耶大道通向各处。所有的停车处都在地下，既受限于场地，又考虑了气候条件。结果，建筑物的设计发挥出了高度的创造性，没有过多地受限于场地。

从空中看两翼，表现出独特的有机形状，加拿大地盾翼部（*Canadian Shield Wing*）有类似岩石地层的层次效果，后面的冰川翼（*Glacier Wing*）则有更厚重的结构（加拿大文明博物馆提供）

场地基本上由两座建筑物组成。围合着的开敞空间即停车区上的广场。这样就能够从洛里耶大道的入口处鉴赏建筑物。建筑物以一定的角度互相张开，向下直到倾斜的河岸，形成一个构造物，可以跨过河流鉴赏，其开放的角度正好对准和平塔的轴线。

设计的创意来源

这项工作是道格拉斯·卡迪纳尔在大平原省份以外的第一项重大建筑。为了了解设计的创意来源，我们必须考虑几个因素。首先，这个建筑是个博物馆。加拿大这样的国家有多种背景的移民，博物馆的重要任务是保存和解释所有人民过去的经历。因此博物馆有很强的象征意味。卡迪纳尔对此的响应是设计了"现代人造物"，不是仅供展览用的房屋建筑。第二个因素是建筑的创意来源。道格拉斯·卡迪纳尔是有"景观灵感"的建筑师。他认为建筑设计的第一步是去理解和感觉将要耸立建筑物的那块土地[麦克唐纳(Macdonald)，1989]。他说：

与其把博物馆看作是一个雕塑问题，与其认识历史形式并把它们作为我解决问题的词汇，我更愿意在自然中漫步，观察自然如何解决它的问题，并让它激励我解决我的问题。

我们的建筑物必须是自然的一部分，必须从土地中流出来，景观必须在其中编织，有进有出，即使在严酷的冬天，我们也不丧失与自然的亲近。

这一点可以清楚地从建筑物的成果中看到。对卡迪纳尔影响更多的是西班牙建筑师高迪(Gaudi)的流动新艺术，而不是当时盛行的后现代主义主流运动。要考虑的第三个因素是对于博物馆内部的战略。在展览中特别强调模仿加拿大生活中的娱乐片断。卡迪纳尔不在设计中参照（用后现代主义的话来说）如迈克尔·格雷夫斯(Michael Graves)所采用的功能，或者如盖里(Gehry)倡导的"解析博物馆"，而是利用这个机会象征性地把建筑描绘成"神话般转变的景观"，提供一个能表现加拿大文明发展的基础，换句话说，这栋建筑代表了在冰川期后、人类到来以前加拿大15000年前的地质概貌。

167

　　就视觉要素而言，构造由两个建筑实体组成，坐落在地表的倾斜平面上。给访问者的第一个印象正是建筑物的形式，使周围景观的简单性更为显著。使人立刻明白的是，这种形式衍生于早就被通常的建筑参考书去掉的来源，在这个案例中是构成加拿大景观的两个支配因素，即加拿大地盾（Canadian Shield）地质区的岩石和冰川的效果。

　　加拿大地盾地质区有古老的最硬的岩石，经过侵蚀形成了除落基山脉以外的加拿大大部分的低处地貌。这一点反映在加拿大地盾翼部（Canadian Shield Wing）上，它是博物馆的行政管理部分，其形式是一系列的层面，有的形成平台，很像岩层。在河岸对面坐落着议会大厦的地方可以看见石灰石断崖上真正的岩石形状。平面形状是非常有机的，有韵律风格的曲面墙被平台上的护栏和覆盖层上粗纹理的石砌突出出来。这种形式类似于暴露在冰川上被侵蚀的岩石层，它的水平方向依然强烈并且显著。

加拿大地盾翼部的部分视图。弯曲的形状创造出非常有趣的节奏，覆面的纹理也很明显

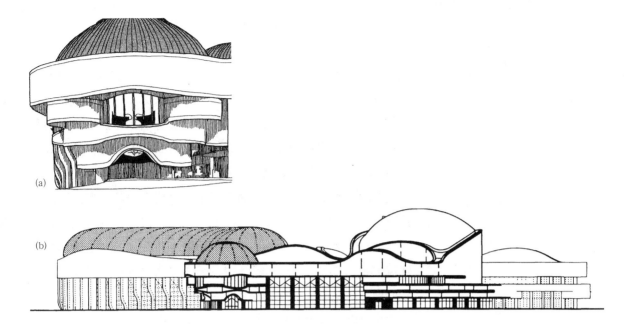

(a) 冰川翼的主入口，表示独特的形状；
(b) 冰川翼的正立面，表示各种形式和屋顶线

　　冰川翼（Glacier Wing）有完全不同的形式，代表着运动冰川的动态力量，与地盾（Shield）区静态和稳定的岩石形成对比。这也反映在平面形状上。它由三个线形的、稍有弯曲的区段组成。建筑物的立面是沉重的垂直建筑，被有一定间隔的立柱所分割。它与加拿大地盾翼部水平带台阶的正面形成强烈的反差。要鉴赏总的形式最好是从内部，从大厅（Grand Hall）向外看，跨过"瀑布场"（Waterfall Court）看到加拿大地盾翼部。因此大厅成为非常开阔的空间，有 3 层楼高。巨型立柱支承着屋顶，它的粗大雕塑加强了动态效果，整体的肌肉般的力量强调着这个形式是从冰川衍生出来的。空间本身可以是冰中的裂缝或地道，还可以联想起一些土著人的长屋、地窖和圆顶建筑。

　　立面的造型依赖门窗开启方式来强调其形式，也在较小的程度上依赖表皮层的细节。加拿大地盾翼部的窗户是水平布置的并凹进去产生阴影以强调岩石的层化。冰川翼窗户的垂直方向也凹进去衬托立柱，想要赋予建筑一定的节奏、运动感和视觉能量。立柱在不同高度上有不同厚度的分段造型进一步加强了这一点。

169

　　颜色故意配得简单和自然。由于覆盖的石头，马尼托巴湖（Manitoba）的石灰石，在纹理上有差异，反光也不一样，因此颜色也稍有不同。在确定了总的概念和主要形式的强度和规模后，简单性是值得赞赏的。颜色和纹理上的样式太多会减小规模，并在需要简单性的地方造成烦琐的效果。就像看到冰川中纯净清澈的水第一次暴露在新鲜岩石上的景色。建筑物的风化会让时间自然地起作用，既在加拿大地盾翼部的岩石上，也在冰川翼的冰上，而且在现实生活中，随着时间的消逝，通常会变脏。冰川翼的屋顶是镀铜的，它建立了与隔河相望的议会大厦屋顶的视觉联系。

　　洛里耶大道广场的有机形状，以及在冰川翼外"瀑布场"的建筑形式，都像是冰川融化后的水。在建筑群和渥太华河之间，其他地方的花园设计保持简单而分散，使人们能够同时看到两种形式，可以在两种有反差又强烈统一的要素中游弋。

　　由于受博物馆功能、造价和第一轮建设进度的影响，这件构造偏离了初始的灵感。但令人印象深刻的是可以看到初始的概念如何受到尊重。这项建筑确实是一件雕塑，有土地的芳香。高迪以同样方式采用的有机形式也很有回味［巴塞罗那的圣家族教堂（Sagrada Familia）就是模仿蒙塞拉特（Montserrat）山顶的岩石］，虽然是在更粗更大的规模上。实质上，这个结果要求在"全国范围内把自然秩序……与游荡在（加拿大的）集体精神中的野性幽灵结合在一起"［鲍迪（Boddy），1989］。

越过河流看议会大厦天际线两翼的景色

参考文献

Boddy, T. (1989) *The architecture of Douglas Cardinal,* NeWest Press, Edmonton, Alberta.

MacDonald, G. F. (1989) *A museum for the global village,* Canadian Museum of Civilization, Hull, Quebec.

案例研究二
爱尔兰威克洛郡（Co Wicklow）的鲍威尔斯考特宅邸花园

　　在东爱尔兰威克洛山脉里的鲍威尔斯考特宅邸(Powerscourt House)处整齐的花园，虽然经过多个阶段才建立起来，仍然有精巧的总体结构，既是高度组织好的、结构化的，又有不拘礼节之处。既有多种类型的花园，又在整体上有强烈的统一感。

　　在第一代鲍威尔斯考特子爵（Viscount Powerscourt）于1743年建造大帕拉第奥宅邸（Grand Palladian House）后不久就开始建造花园。1843年第六代子爵开始下一个阶段，委托建筑师丹尼尔·罗伯逊（Daniel Robertson）在宅邸的紧南面设计和建造阶梯平台。第六代子爵逝世（死于1844年）14年后，在1858年第七代子爵继续这项工作，建立了由约瑟夫·帕克斯顿（Joseph Paxton）的助手米尔纳（Milner）设计的正式的花坛。

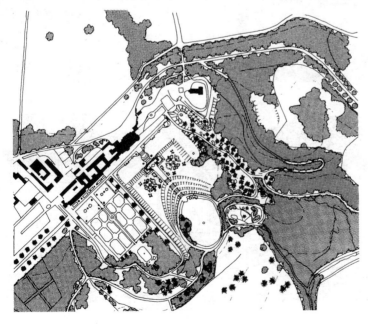

鲍威尔斯考特宅邸花园总平面

171

19世纪60年代后期,较低的平台由亚历山大·罗伯逊(Alexander Robertson)完成建造。意大利风格花园则是在1875年完成的,还附加了中心的台阶和喷泉。

　　这是花园最正式的部分,按轴线布置,从宅邸花园前方的中心向着东南。目光被引导到以豪华方式建造的小路和台阶,从上面的平台,向下到台阶,经过花坛,再到下面的平台,一直到湖中间的特赖登(Triton)喷泉。树林有助于把目光停留在轴线上。这条轴线在物理上并不延伸到下面平台底脚处的佩加西(Pegasi)以外,但仍然保持着很大的影响。湖侧的大片树林把轴线继续延伸到花园和公园以外,一直到远处的景观。这里主要的形体是舒格洛夫山(Sugarloaf Mountain)的山峰,它不直接在轴线上,而是偏离一点,在强烈对称的构造中添加了不对称的平衡。这一

从宅邸的高层往下看主轴线,越过特赖登喷泉看到后面的乡村景色。舒格洛夫山的山顶偏离轴线,对前景的整齐构造有一种和谐的不对称平衡感[鲍威尔斯考特宅邸托管委员会(Powerscourt Trust)提供]

从下面看露天台阶

172

点很恰当，因为由人创建的正式礼仪支配着花园，与更野性的、山的形式占支配地位的半自然景观形成了反差。

正式花园中的部分，如台阶，是较小的自成一体的构造，但仍然通过平台的线和平面以及轴线与设计的其余部分发生紧密的联系。

在地形经过改造的正式花园以外，北边未经更改的山谷和洼地中有两个反差更大和更惊人的要素。"美国花园"或植物园是由丹尼尔·罗伯逊开始设计的，里面有源自北美而当时刚刚引入爱尔兰的树。今天这个受保护的山谷里有一些极好的树种，如云杉和冷杉，不少已经有特别大的尺寸了。它们在山谷中的不整齐布置和质体与空间的比例关系对正式的花园来说是受人欢迎的反差。另一个要素是 1908 年布置的日本花园，位于另一个自成一体的洼地中。小规模的布置中有明亮的红色桥梁，产生进一步的反差。可以预期这本来会是不合适的，但是由于视觉上是与正式的花园分开的，由于参观者有时间在其他景色前享受它们的情趣，因此它们构成互补的统一。各自强调着对方。

深谷中的日本花园。明亮的红色桥梁在一年的阴暗日子里增添着特殊的颜色

胡椒罐塔被柏树侧面包围，位于突出的高地上

　　高高地在地面突起之上，俯瞰植物园的胡椒罐塔（Pepper-Pot Tower）是一个小规模的细节，又是一个有用的聚焦形体，使参观者能找到自己的方向。

　　在正式花园的另一侧，地形成为高原或台板向上通向西南方宅邸和与之有关联的建筑物。这里浓密的树木一直导向林地，最终与公园外的景观融为一体。其余的地方有正式的带围墙的花园，有些更为实用。花园主要的参观者入口通向另一个轴线，与房子的正面平行，导向主要的平台。被精心制作的铁门所突出的墙把空间一个个地分隔开。

宅邸的帕拉第奥式的正面

　　东南角的花园与从宅邸越过 18 世纪中期古典"英国花园"向西北看的景色形成反差。进入宅邸和花园的动力直通令人印象深刻的大片滩边树，它们形成宏伟的开敞空间，从这里可以瞥见公园，但是丝毫见不着远处花园和地面的壮丽景色。因此在建成的形式和大片树木中所包含的空间顺序在一定程度上显示出各种反差和多种要素，有高度的多样性，在强烈统一的、与外部世界相连的结构中不断引起新的感受。这里是广阔的设计景观，唯一的理由是要使人感到愉悦和强烈的连续感，还要满足不同时代人的口味以及当时盛行的风格。花园曾是贵族的禁区，现在已经被托管并向公众开放，以享受并惊愕其险陡、规模、内容丰富和在设计上体现的有力控制。

案例研究三
苏格兰斯特灵郡（Stirlingshire）的斯特拉西尔森林

　　这个案例讨论的问题是在自然景观占支配地位时如何设计，目标是要在已有景观和人造的种植森林之间求得统一。

　　在第一次世界大战以后的年代里，在大不列颠丘陵地区成千上万英亩未种树的荒地上种上了树，为另一次战争建立木材储备。把土地购买下来后，种上能在贫瘠的土地上快速成长的树。被选中的主要树种是针叶树，大多数不是英国本地的，而是源自北美或欧洲。当这些森林成长起来以后，人们很快就开始觉得它们难看，不自然，与景观不相称。

这些视觉问题有若干理由。种植的森林在颜色上是阴暗的，其纹理也与周围裸露的景观非常不同，从而形成强烈的反差。这些树林通常密植同样大的同种树，与其所代替的天然树或者植物带的模式相比，视觉的多样性降低了。树林的所有权和围合的模式使这些林地呈现出强烈的几何性，这种印象被边缘处树所投射的阴影所强化。由于许多森林被种植在山区，地形很强烈，引起很强的视觉力，在地形和森林之间的视觉紧张进一步恶化了不和谐的效果。

斯特拉西尔森林 (Strathyre Forest) 是这些早期森林的例子，蒙受上述问题的困扰。这片森林位于敏感的景观区，可以从几英里外的路上见到。它看上去多少是同龄的，虽然有一些落叶树，主要是落叶松，种植在过去长欧洲蕨的地方，在秋天、冬天和春天有视觉上多样性。森林的形状由所有者和沿轮廓线走的种植上限决定。它产生两条跨越山坡、顶部和底部的线，主要是水平的。

这里，场所精神部分地是由地形衍生出来的。在这种冰川景观中，上端山坡由于受冰川期不规则的冰冻 - 融化作用而有强烈的造型，其他地方由于冰川的直接侵蚀而较为平滑。山的背景比较亮，目光被引到天际线，在卢布内格湖 (Loch Lubnaig) 平静的水面上有山的倒影，进一步形成具有场所精神的景观。地形在形状上是有韵律的，桤木和桦树沿着湖向上延伸到山谷显示

在收割开始前的局部斯特拉西尔森林

出这种韵律。这种造型没有反映在第一片森林的设计中。森林的规模一般来说是比较好的，在树线以上未种植（和不能种植）的山顶占相当大的比例。

这些半自然景观的设计目标通常是尽力把森林融入周围环境中，从地形和植被图案中衍生出适当的形状去响应景观中的视觉力，在森林和未种植的土地之间以及在森林中不同树种和树龄之间达到良好的比例关系。森林的多样性程度应该反映周围环境的多样性。如果遵循这些原则，就可以达到总体设计中的高度统一性。另外，地方特色中的有些东西必须结合到设计中，以便它不成为"只不过是另一片森林"。

设计的第一步是评估景观，以便理解它的视觉成分，分析所确定的视觉图案如何与场地因素发生关系。最好的方法之一是用记录各种因素的全景照片或草图来标注。选择做出这些评估的观察点也是很重要的。

重新设计森林的主要机会出现在树开始被砍伐成木材的时候。砍伐活动使已有的形状可以被重新造型，可以建造开敞空间，可以改变树种，可以建立不同树龄的结构多样性。在不同的时间砍伐森林中的不同部分，以顺序方式经过多年全面的计划就可以做到这一点。

因为形状非常重要，森林的形状是设计中最重要的要素。它包括全部森林和森林中的个别部分，无论是不同树龄和不同树种的树，还是森林中的开敞空间。形状的规模是下一个因素。我们已经看到，规模随海拔高度而变，山坡顶上的森林形状比坡底显得大一些。在长达 10 年的间隔中，在相邻区域通过砍伐和再植所建立的树龄上的不同，以及通过树种（常绿针叶树、落叶松、阔叶树）、开敞空间和未种植地的布局，可以保证多样性。

统一性要保证设计的形状受地形或植被图案的启发，如欧洲蕨在秋天和冬天变橙色和棕色，落叶松也一样。形状应该互锁，这有助于统一，形状的相似性和规模在山坡上的等级化也有助于统一。在初始评估阶段和总体概念设计时应该寻找地方特色，以保证增强这些品质。在斯特拉西尔森林，设计强调了地形的特定品质，保证造型的裸露岩石得到强化并从以前藏在树后变为暴露于视野中。在形状中要引入韵律，以反映地形中的韵律，而阔叶树的图案要延伸到森林中。

这项设计的特征是调整上部边缘的方法，如把一些砍伐后裸露的尖坡留下来，把植树延伸到原本是溪谷的地方以外。所有的视觉目标都在给定约束条件的框架内达到了，这些森林存在着功

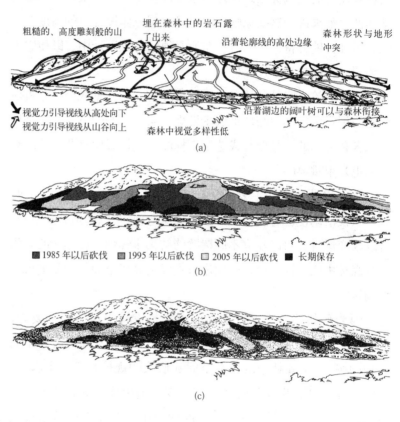

(a)

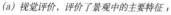

■ 1985年以后砍伐 ■ 1995年以后砍伐 □ 2005年以后砍伐 ■ 长期保存

(b)

(c)

(a) 视觉评价，评价了景观中的主要特征；
(b) 触目的互锁形砍伐图案。坡顶处规模较大，底下规模较小。有些林地要保留较长的时间以维持林地的多样性；
(c) 再植森林的外观显示外部边界如何改变形状以及如何增加森林的多样性；
(d) 经过第一次砍伐，再植和业已长成的森林，又足够供下次的砍伐，因此，经过约12年或13年又展示了原设计的发展模式

(d)

能上、物理上和经济上的约束，如需要满足对木材市场的承诺，选择树种时在土壤和气候方面的局限，采伐木材的设备和通道的局限等。

在这一设计完成以来的这些年里，即距今约 12 年前完成的，已经实施了好几个阶段，没有发生过什么大问题（如风灾），阻碍设计的进展，因此，现在可以看出计划实施进展得多快，也能确定此项设计多么经得起时间的检验。总的说来，计划执行得非常顺利，尽管在某些情况下，例如树林再植未能准确符合上部边缘地形。但邻近地段间的纹理差异很明显，而且对更为年久的第一代森林展示了视觉多样性的增强。

英中术语表

Accent colour 着重色
一种颜色，通常是明亮的，用于以小的数量突出细节并把目光聚焦于作品的特定部分，常用于门或大的简单建筑物。

Ambient light 环境光
任何时候以"背景"存在的光线。它不投射阴影。它是日光被云和大气折射所产生的结果。

Anthropomorphic 拟人的
形状像人体，给其他事物赋予人的特征。

Axis 轴线
用于组织作品的一条线或线性形体。它把目光引向一个方向。用于分开强烈的结构。经常与高度正式或仪式性的设计和有极大权威的教堂或国家联系在一起。

Background 背景
景观作品中离观察者最远的部分。通常有 *5~8km* 的距离。丧失了细节，颜色和纹理是主要的决定性要素。

Back-lit 背光
太阳对着观察者时观看物体或景观时的照明条件。见到的垂直要素在阴影中。细节模糊，只见侧面轮廓，水平表面可能反射光线。

balance 平衡
设计和景观中的所有部分都处于均衡的状态，不需要移动、增加或减少任何部分。

Bilateral symmetry 双边对称
两个要素的安排。每个要素都是另一个要素跨过一条线或轴线的镜面影像。

Building line 房基线
这条线由建筑师、城市设计者和规划者决定。建筑必须留在这条线的后面。在老的城镇，为了保留空间／质体的特征，或为了允许有足够的光线到达地面，常可找到这条线。

Chaos 混乱
这是在景色中完全没有，或显得没有组织或格局的状态。我们的眼睛和头脑持续地在表面的混乱中寻找有意义的格局。

Character 特性
要素、设计或景观的独特方面。不需要给已知的特征做出估价或评判。

Characteristic 特征
在设计或景观中重复或分布的要素或形体，本身是独特的或者构成景观的特征。

Chroma 色品
颜色的强度或饱和度，特别用于孟塞尔（*Munsell*）颜色分类系统的参照。

Clear-cut 皆伐
一片森林或林地，所有的树在短时间内都被砍伐或清理干净。通常造成与周围森林在颜色和纹理上的高度反差。

Coalescence 合并
当几个要素互相重叠或中断其中任何一个的清晰图像时，就称它们在视觉上合并了。这项技术用于用很多小的要素来建造更大规模的外观。

Coherence 连贯性
环境心理学家史蒂芬和雷切尔描述的认识变量中的一个用来定义吸引人的景观。它意味着场景的所有部分适合在一起与设计中统一的。

Colour 颜色
材料的特征，影响光线反射的方式。颜色用于描述由表面反射的可见光谱的波段，其余的波段都被表面吸收了。

Colour circle 色圈
按照一个整圆中的光谱关系安排原色、间色和第三色系的方法。

Complementary colours 互补色
一对颜色，混合后生成白色。这两种颜色在色圈中的位置是互相对立的，互相生成留影。

Complexity 复杂性
被卡普兰定义为认识变量、场景的多样性和结构的丰富性。它与多样性的设计原则相同。

Component 组成部分
构造或设计中可识别的部分，经常有辅助的构造作为整体的一部分，有其自身的特征。

Composition 构造
不同要素或组成部分的集合，其

布置方式创建了令人满意的可识别的整体。在景观中构造可以识别为地形单元，而不用进行有意识的设计活动。

Continuity 连续性
一个格局或景观以相似的特征在空间和时间上延伸，在设计中使用重复的要素或特征，也可以在自然界发生。

Contour 轮廓
在地图上或平面图上描述的想象线，把在基准或基点以上的等高点联结起来，常用于确定真实线的形状或位置，如景观中的道路。

Cantrapuntal 对位的
两种节奏同时存在，速度不同或方向不同，但却是和谐的（见"对位法"）。

Contrast 反差
放在一起近看时，设计中两个要素或部分之间的可见差别。差别越大，位置越近，反差也越大。

Corinthian order 科林斯柱式
古希腊建筑的第三种柱式，其特征是有凹槽的柱子、带叶形装饰板的柱顶和一些在装饰方面的其他特性。

Counterpoint 对位法
故意在设计中使用对立的特征以便达到更生动的最终效果。常见于韵律（类似于音乐的旋律配合）或不对称平衡中。

Curvilinear 曲线的
一条线或一个平面的边缘，其特征是光滑弯曲的形状，没有角或直线段。

Datum 基准
点、线、面或体，用于在空间中组织要素，依据的是要素相对于它的位置。

Dendritic 树枝状的
河流排放格局，小溪类似树枝（古希腊的 *Dendros* 树）。

Density 密度
格局的相对视觉紧密度，如树的覆盖量。发生密度逐渐改变时，是最好欣赏的时候。

Direction 方向
对要素位置或场所的描述。它引导目光从构造的一部分转到另一部分。

Disruptive 分裂性的
在设计或构造中的任何破坏视觉统一的东西，经常是由于缺少一个能帮助组织设计的因素。

Diversity 多样性
设计或景观中多样化的程度或数量。公认是一项优秀设计的重要属性，但是如果多样性太多，效果就变差。

Dominance 支配地位
构造中一个因素有明显更大的力量和重要性。经常是在设计中建立逻辑顺序或等级的有用方法。

Doric order 多立克柱式
古希腊建筑的第一种柱式，其特征是有凹槽的柱子和无装饰的基础和柱顶。

Dualistic symmetry 二元对称
几乎相似形状的重复或反射，特别是当形状一样而颜色和纹理被替代的时候。

Element 要素
构造的基本建筑模块之一：点、线、面、体。

Enclosure 围合
用一个或多个要素部分围合一个实体或空间意味着更大的要素。用小尺寸要素建造更大规模的假象。

Equilibrium 均衡
构造或设计中所有部分互相平衡的状态，所有的视觉力和紧张都消解了。

Euclidean geometry 欧几里得几何
古代希腊人认可的正规形状的空间描述。

Fenestration 开窗法
窗户在建筑物正面形成的格局。经常在建筑中对规模、比例和多样性起作用。

Fibonacci series 斐波纳契数列
一种数列系统。数列中的下一个是前两个之和。该数列可用于创建对数螺旋，如同在植物和动物生长中所见到的那样。

Figure 形体
任何形体，通常是高反差的，突现于周围环境或背景之上。目光通常会被引向这种形体。

Foreground 前景
景色的最近部分，可见个别形体的细节，如植物、石头、纹理等。延伸至离观察者半公里以内。

Form 形式
形式是三维的，与二维形状相当。

Fractai geometry 分形几何学
数学家伯诺伊特·曼德尔布罗特描述的在自然界发现的复杂结构或通过数学建筑物，那其中有图形在持续增加或减小的范围内的重复来自于拉丁语"破碎"。

Front-lit 迎光
光源在观察者背后时景色的面貌。景观是平淡的，但细节处，特别是颜色，是清楚的。

Genius loci 场所精神
对形成地方特性起作用的不可触摸的品质，有助于确定一个地方与另一个地方的区别。

Geodesic 网格状
用正规的稳定几何形状，如三角形、六角形的建设方法，这些三角形或六角形互相联结，形成强有力的结构，不需要内部支承。

Geometric 几何的
从数学分支推导出来的形状，通常是简单的、规则的，包括直线、直角、圆弧等。

Gestalt psychology 格式塔心理学
关于知觉心理学的分支，由沃尔冈·科勒在 20 世纪初在德国发现。

Golden section 黄金分割
由 1：1.618 的比例所确定的划分比例的规则或理论，可见于这种比例的矩形。广泛应用于艺术和经典建筑。

Grain 纹理

对纹理的描述，用于较远的景色，如背景的景色，可以看到景观的主要格局。常有方向品质。

Hierarchy 等级

对构造各部分进行排序的方法。有些部分更重要，占支配地位。可以用尺寸、规模、位置、颜色等来确定等级。

Horizon 地平线

天空和地面似乎会合的一条线。

Hue 色度

一种颜色区别于另一种的一种属性或描述，如红、蓝、绿，是孟塞尔系统的特殊描述词。

Interlock 互锁

两个要素之间的关系。一个伸入另一个，或者互相渗透。其特征是边缘长度增加，并且在它们之间有强烈的视觉联系。

Interval 间隔

要素间在时间或空间上的间距。

Ionic order 爱奥尼柱式

希腊建筑的第二种柱式。特点是光滑的立柱并在柱头上有独特的"公羊角"。

Jeffersonian grid 杰斐逊网格

这个名称通常用于美国从东到西殖民地开拓进程中的土地测绘和组织工作。

Kaleidoscopic symmetry 万花筒般的对称

在可以分开的若干平面或线上重复排列等同的要素。一般见于把圆圈等分成扇形的图案。

Legibility 易读性

卡普兰描述的第三种认识变量，景观可以被阅读或理解。

Light 光

由太阳或人工光源产生的电磁辐射谱中的可见部分。通过光我们可以看见周围环境。

Line 线

支配一维空间的基本要素。它可以是一个延伸的点，一个又长又

窄的形体或者是平面的边缘。

Mass 质体

实体，通常被认为是与开敞空间成对照的。

Middle ground 中景

在前景与背景之间的景色，通常在 1 ~ 6 km 距离内。形状是明显的，但丢失了表面上的细节。

Modulor 模型人

由建筑师勒·柯布西耶提出的一种比例系统。它以人体的比例为基础。

Moir effect 波纹效果

通过安排形状和颜色所产生的光学运动幻觉。这种效果可以令人相当烦恼，并且会随焦点的移动而改变。波纹图案常由印刷中的二组线性网屏的视觉干扰引起。

Monochrome 单色

只用一种颜色的色调、色彩和阴影的构造。一般指景观黑白照片中的灰色阴影。

Munsell system 孟塞尔系统

由阿尔弗雷德·孟塞尔于 1915 年发明的描述颜色的方法。它把颜色分为三个变量：色相（色彩）、色品（饱和度）和色调（浓淡）。被色彩师和英国标准化协会广泛应用于颜色的选择。

Myseery 神秘的

卡普兰描述的第四种变量，它意味着不会马上被感知有待发觉，尽管与场所的特色不是相同的意思，但有关系。

Naturalistic 自然主义的

表现为自然的，对设计景观的描述被特定人们感知为或理解为表现自然。

Nearness 接近

要素在空间中接近。它们表现为是构造中同一个组的一部分。

Number 数量

多于一个要素的存在。随着数量的增加，设计或者构造可以变得越来越复杂和视觉混乱。

Organic 有机的

形状和形式的一个属性。类似自然

形状，特别是植物和动物的形状的平面和实体，通常高度不对称，在边缘处经常模糊不清，不好界定。

Orientation 方位

一个要素的位置，相对于特定罗盘方向、观察者，或一些其他因素（如风和太阳方向）。字面上是"朝东"。

Palimpsest 重写

一个地方的历史，可以从累积起来的遗迹中识读。在有长期居住史的地方是很显然的。从古代重复使用羊皮纸的实践中衍生而来。保留过去的文本痕迹，覆盖重写的内容。

Palladian 帕拉第奥的建筑风格

意大利文艺复兴时期的建筑师安德烈·帕拉第奥（*Andrea Palladio*）创建的建筑风格。它是从 *18* 世纪欧洲看到的。其特征是以古典方式使构造有很好的比例和对称性。

Pallete 调色板

艺术家在绘画时所选用的一组颜色。用于已知设计和构造的颜色。特定景观的特征性颜色范围。

Perception 感知

大脑开展的活动。我们解释所收到的感受（对大多数人来说主要是视觉）。这不是单纯的事实报道，而是参考了在心里已经存在的联系和期望。

Pergola 棚架

用于植物攀缘的有立柱和横梁的框架，在花园和公园中建造围合的空间。

Perron 室外台阶

一种有台阶有喷泉的形体，用于改变台阶式花园的高度。爱尔兰的鲍威尔斯考特 (*Powerscourt*) 是著名的例子。

Picture plane 图画平面

隐喻的平面。在图画、照相和现实世界形成所描述形状的边界。可以设计透视图，从现实世界延伸到图画中，以产生幻觉，似乎

图画是真实的。

Pilaster 壁柱

部分立柱贴着墙。在古典建筑中似乎是建筑物的部分辅助支承。用于把立面分裂开并引入规模、比例和装饰。

Plane 平面

二维空间的基本要素。它可以是平坦的、弯曲的、真实的或隐喻的。它可以是屋顶或墙，但更多的是地板或地平面。

Point 点

基本要素。相对于构造的规模和尺寸，它的尺寸非常小。位置和数量是重要的。

Pointilliste 点画派

一种艺术风格。由一些印象派成员，如修拉（Seurat）等所实践。图画由许多纯色的小点组成。远看图画时，这些点混合成在图画中并不存在的多种颜色。

Position 位置

一个要素在空间的位置。常参照另一个点或平面。

Proportion 比例

设计或构造的部分对整体的关系，特别是在尺寸或程度上。从古代起就建立了比例的各种法则或理论。

Quincunx 五点梅花形

五个点的排列，有一个中心，形成交叉。如用于栽种五株植物、五棵树。没有4、6等数字的规则性。

Rhythm 韵律

相似的要素以同样的间隔重复，使它们看起来是整个构造的一部分，并产生运动的印象。韵律增加趣味并在设计中引入动感。

Rule of thirds 三分法则

把设计按比例分成整体的1/3和2/3的方法。它不精确地以黄金分割为基础，有助于达到等级平衡，其中一个部分占支配地位。

Scale 规模

要素相对于人体和景观的尺寸。规模随观察者的位置和距离而变。

Shape 形状

平面的属性。它的边缘是变化的。形状可以是几何的或不规则的。这是最重要的变量。

Shell roof 壳形屋顶

利用蛋壳强度特性，用混凝土薄壳来建造的一种建设形状。用这种方法可以建造有机的或不规则的形状。

Side-lit 侧光

当光线来自观察者的侧面时所见到的景观是侧光的。三维形式和纹理得到强调，但还是可以看到颜色。这是观赏景观的好条件。

Similarity 相似性

要素在视觉特性上互相类似的程度。我们倾向于把相似的要素在视觉上联结起来。

Size 尺寸

各种要素在规模上的变化程度大的尺寸更吸引人。尺寸可以用来建造多样性。尺寸和规模是互相作用的。

Space-frame 空间框架

一种结构，通常是互相联结的管形部件，用于建造局部空间，经常是在户外。

Spatial cues 空间线索

这是一些组织原则，指的是要素位置在视觉上的互相作用，如接近、围合、互锁、相似。

Spirit of place 地方精神

见"地方风气"。

Structural elements 结构要素

这是一些组织原则，用于给一个构造增加韵律、紧张、平衡、比例和规模等结构印象。

Symmetry 对称

要素的安排方式。构造的一部分是另一部分的镜面影像，是平衡的。

Tactile 触觉的

触摸的感觉。靠触摸来感知世界。纹理可以是触觉的，也可以是视觉的。

Tension 张力

视觉力的互相作用可以产生冲突，但解决后会对设计产生巨大的兴趣。

Texture 纹理

由很多重复要素引起的在视觉上和触觉上的表面质感。要素的尺寸和间隔决定了纹理的粗糙度或精细度。

Time 时间

第四维。景观在各种时间间隔内改变，从短期到长期：每日、每季或过很多年。

Top-lit 顶光

当光照的方向在观察者的上方时，景观是顶光的。在物体的下面以外，没有阴影。发生在低纬度地区。

Transformation 转化

景观或设计在空间和时间上的逐渐改变。

Tree line 树线

在高海拔和高纬度处，由于气候影响，树停止生长的线或区。可以是很突然的。

Unity 统一

设计或景观中整体性、完整性和连续性的表现。把要素组织起来产生清晰可辨的构造。

Value 色度

颜色的浓淡。孟塞尔系统所描述的第三个变量。

Visible spectrum 可见光谱

电磁波谱中我们能见到颜色或白光的部分。

Visual force 视觉力

在静态的影像或物体中产生移动或潜在运动的幻觉。景观中充满视觉力，特别影响我们看地形的方式。

Visual inertia 视觉惰性

要素特别稳定和有惰性的属性。通常强调的是水平方向。

Volume 体

存在所有三维尺寸的基本要素。可以感知为实体（从外面看是质体），或者是开敞空间（从里面看是空间）。

参考书目和更多 阅读材料

这一部分列举了用于本书的许多主要参考资料，按各种主题分类。

美学和设计原则

Bourassa.S.C（1991）景观美学 Belhaven 出版社，伦敦 .

Ching, F.D.K.（1979）*Architecture: Form, Space and Order*（建筑：形式、空间和秩序）Van Nostrand Reinhold, New York.

Garrett, L.（1967）*Visual Design: a problem solving approach*（视觉设计：解决问题的方法）Van Nostrand Reinhold, New York.

Gombrich, E.H.（1982）*The Image and the Eye*（图像和眼睛）Phaidon Press, Oxford.

Jackobsen, P.（1977）Shrubs and ground cover, *in Landscape Design with Plants*（ed. B. Clouston），（灌木和地表覆盖，用植物进行景观设计），Heinemann, London.

Leonhardt, F.（1982）*Brucken / Bridges*（布鲁根 / 桥梁），Architectural Press, London.

McCluskey, J.（1985）Principles of design, in *Landscape Design*（景观设计中的设计原则），Nos 153-158（ed. K. Fieldhouse），London.

De Sausmarez, M.（1964）*Basic Design: the dynamics of visual form*（基础设计：视觉形式的动力学），Studio Vista, London/Van Nostrand Reinhold, New York.

颜色

Birren, F.（1969）*Principles of Colour*（颜色原理），Van Nostrand Reinhold, New York.

Lancaster, M.（1984）*Britain in View*（不列颠风景），Quiller Press, London.

Porter, T. (1982) *Colour Outside* (户外的颜色), The Architectural Press, London.

地方特色

Davies, P. and Knipe, A. (1984) *A Sense of Place: sculpture in the landscape* (地方感受：景观中的雕塑), Ceolfrith Press, Sunderland.

Drabble, M. (1979) *A Writer's Britain* (作家眼中的英国), Thames and Hudson, London.

Hardy, T. (1878) *The Return of the Native* (本地人的回归), Macmillan, London.

Norberg-Schulz, C. (1980) *Genius loci* (场所精神), Academy Editions, London.

景观和景观设计

Bell. S (1999) 景观：模式、感知和过程，Spon 出版社，伦敦.

Colvin, B. (1970) *Land and Landscape* (土地和景观), 2nd edn, John Murray, London.

Crowe, Dame Sylvia (1981) *Garden Design* (花园设计), 2nd edn, Packard Publishing in association with Thomas Gibson Publishing, London.

Crowe, Dame Sylvia and Mitchell, M. (1988) *the pattern of landscape* (景观模式), Packard Publishing, Chichester.

Dee, C (2001) 景观建筑中的形式和结构，Spon 出版社，伦敦.

Eckbo, G. (1994) 现代景观建筑：批判评论，The MIT 出版社，剑桥，Mass.

Fairbrother, N. (1970) *New Lives, New landscapes* (新生活，新景观), Architectural Press, London.

Fairbrother, N. (1974) *The Nature of Landscape Design* (景观设计的本质), Architectural Press, London.

Jellicoe, Sir Geoffrey (1970) *Studies in Landscape Design* (景观设计研究), Oxford University Press, Oxford.

Jellicoe, Sir Geoffrey (1987) *The landscape of Man* (人的景观), 2nd edn, Thames and Hudson, London.

Simmonds, J.O. (1961) *Landscape Architecture* (景观设计学), Iliffe

Books, London.

Thompson，I.H（1999）生态、社区和乐趣，E. & F.N. Spon，伦敦．

生态和设计

Forman, R. T. T. and Gordon, M.（1986）*Landscape Ecology*（景观生态学），Wiley, New York.

Forman,R.T.T.（1995）土地嵌合，剑桥大学出版社，剑桥和纽约．

McHarg, I.（1969）*Design with Nature*（设计结合自然），Natural History Press, New York.

森林设计

Anstey, C., Thompson, S. and Nichols, K.（1982）*Creative forestry*（创造的森林），New Zealand Forest Service, Wellington.

Bell，S.（1944）视觉景观设计训练手册 Ministry of Forests of British Columbia Recreation Branch，Victoria，BC.

Bell，S.（1944）森林景观设计，加拿大沿海省份手册，海边森林护林学院，Fredericton. NB.

Bell，S.（1998）森林设计规划：优秀实践指南，爱丁堡森林委员会．

Bell，S. 和 Nikodemus，O.（2000）森林景观规划与设计，拉脱维亚国家森林管理处，里加．

Forestry Authority（1994）森林景观设计准则，第二版，HMSO，伦敦．

Forestry Commission of Tasmania（1990）*A Manual for Forest Landscape Management*（森林景观管理手册），Forestry Commission of Tasmania, Hobart.

Gustavsson，R.and Ingelog，T.（1994），新景观，Skogstyrelsen，Jonkoping.

Litton, R. B. Jnr（1968）*Forest Landscape Description and Inventories*

（森林景观描述和资源清单），USDA Forest Service Research Paper PSW-49, USDA, Washington DC.

Lucas, O. W. R.(1991) *The Design of Forest Landscapes*(森林景观设计), Oxford University Press, Oxford.

Province of British Columbia（1981）*Forest Landscape Handbook*（森林景观手册），Ministry of Forests, Victoria, BC.

US Dept of Agriculture Forest Service （1973） *National Forest Landscape Management*（国家森林景观管理），Vol 1, USDA Forest Service, Washington DC.

美国农业森林管理处（1995）景观美学：景观管理手册、USDA 森林管理处华盛顿特区.

索 引

（斜体者为图片所在页码，黑体者为英中术语表所在页码，其余的为正文页码）